Edizioni PensareDiverso
Cenacolo Jung Pauli

CENACOLO
JUNG PAULI

Bruno Del Medico
Ilustrado por Elisabetta Del Medico

Todos los colores del enredo cuántico

Desde el mito de la cueva de Platón, a la sincronicidad de Carl Jung, al universo holográfico de David Bohm.
La física cuántica rechaza el materialismo y revela el componente espiritual del universo.

Resumen del libro.

Introducción

El libro está dividido en tres partes. En la primera parte (Las intuiciones) el autor discute las hipótesis más relevantes sobre la realidad ilusoria del mundo perceptible. Los grandes pensadores han previsto la existencia de un nivel de conciencia que trasciende la materia. Encontramos esta idea en el mito de la caverna de Platón, en la "Teoría inmaterialista" de Berkeley, en la "Psicología de la forma" (Gestaltpsychologie). La fuente más autorizada se encuentra en los trabajos sobre el inconsciente colectivo y sobre la teoría de la sincronicidad de Carl Jung.

En la segunda parte (Confirmaciones) el autor describe de manera elemental pero detallada el camino de la física cuántica, desde el experimento de doble rendija de Thomas Young hasta los fenómenos de superposición de estados y correlación cuántica. A través de estas claves privilegiadas es posible comprender el entrelazamiento cuántico. En la tercera parte (Perspectivas) el autor describe las teorías desarrolladas por David Bohm sobre el "potencial cuántico" sobre el "universo implicado y explicado". y sobre la visión holográfica del cosmos. Todo se explica con absoluta sencillez, sin el uso de fórmulas matemáticas y con la ayuda de muchas ilustraciones.

La humanidad, desde sus inicios, quiso investigar el origen y composición de las cosas, descubrir su funcionamiento y su finalidad íntima.

El método utilizado universalmente es descomponer los objetos en partes cada vez más pequeñas, y luego analizarlas con todas las técnicas posibles, desde la investigación visual hasta las reacciones químicas. Esto todavía sucede hoy. Por ejemplo, si un científico quiere descubrir la estructura química y física de un cubo de granito, lo romperá en pedazos cada vez más pequeños hasta que se divida en átomos individuales.

Sin embargo, si el propio científico quiere investigar las partículas individuales que componen el átomo, recibe una sorpresa increíble. El cubo de granito se comporta como lo haría un cubo de hielo. El científico ve materia que se convierte en niebla, se evapora, desaparece entre sus dedos. La materia sólida se convierte en energía que vibra.

Las partículas individuales se transforman en ondas fluctuantes sin ninguna corporeidad sólida.

A nivel subatómico, la materia ya no es materia sólida, se convierte en algo diferente.

Las partículas elementales nos engañan. Parecen motas sólidas si alguien las observa, pero se comportan como ondas vibratorias cuando no se las observa.

Los átomos prácticamente solo contienen vacío.

En la superficie, creemos que podemos tocar, pesar, manipular y medir la materia. Pero, en su composición más íntima, la materia se convierte en una onda de vacío, energía, información, onda o vibración. Lo que nos parece material sólido, en su esencia más íntima, ya no es material sólido.

En este punto, está claro que ya no podemos hablar de una sola realidad. Dependiendo de los niveles de observación, desde lo extremadamente pequeño hasta lo infinitamente grande, hay muchas realidades, todas diferentes pero todas absolutamente verdaderas.

O, quizás, hay muchos aspectos de una realidad superior, aún desconocidos. Todas las filosofías y religiones siempre han planteado como hipótesis una "zona del espíritu" que trasciende la materia; nadie, sin embargo, ha podido proporcionar pruebas de su existencia. Hoy la física cuántica está abriendo una enorme ventana a horizontes que, hasta el siglo pasado, no podíamos haber imaginado. Las confirmaciones proceden de los experimentos realizados con éxito, especialmente los relacionados con el fenómeno del entrelazamiento cuántico.

Hoy sabemos que hay un nivel de realidad que ya no está sujeto a las limitaciones de la física newtoniana. La física de la materia ya no es suficiente para describir el universo.

La física cuántica demuestra la existencia de un nivel en el que la energía y la información se apoderan de la materia. Este es el nivel "no local". Podríamos definirlo a nivel psíquico o espiritual. En este nivel, una Inteligencia universal interactúa con la humanidad. Los caminos de comunicación con el universo inteligente pasan por el inconsciente colectivo que fue teorizado por Carl Jung.

Las sincronicidades junguianas nos guían en un proyecto evolutivo cultural. Es un proyecto del que estamos empezando a tomar conciencia.

Primera parte Percepciones

Fenómenos inexplicables.

Según algunos textos renombrados de técnica aeronáutica, el
avispón no puede volar
debido a la forma y al peso de su cuerpo
en relación con la superficie de sus alas.
Pero el avispón no lo sabe,
y por lo tanto continúa volando.

(Igor Ivanovich Sikorsky, pionero de la aviación rusa)

El Libro Guinness de los récords contiene muchas rarezas. Entre estas noticias inusuales hay una muy especial. Este es el ranking relativo a los pares de gemelos nacidos en diferentes momentos. Guiness señala qué parejas nacen a una mayor distancia de tiempo.

Al contrario de lo que uno podría imaginar, este intervalo no consiste en horas o días, sino incluso meses.Por ejemplo, en 2000 Sandra Beveridge de West Lothian, un condado escocés, dio a luz gemelos con 28 días de diferencia. A Peggy Lynn, una dama de Pensilvania, le fue aún mejor. En 1995, Peggy dio a luz a gemelos nacidos con 84 días de diferencia. Sin embargo, el registro actual pertenece a Maria Jones-Elliot quien en 2013, en Irlanda, dio a luz a Amy y solo después de 87 días dio a luz a su hermana gemela Katie.

Los médicos especifican que estos son casos muy raros. Estos casos ocurren solo cuando los gemelos se crían en sacos placentarios separados.

Gemelos relacionados con la cuántica

Hay un aspecto interesante, que me convenció de mencionar la primacía de los nacimientos gemelos tardíos. Es el hecho de que el libro "El libro Guinness de Recods" nació de la pluma de dos autores. Sus nombres eran Ross y Norris McWhirter, y ellos también eran gemelos. Estos dos gemelos, además de ser los autores del libro, fueron los protagonistas de un evento "imposible".

Actualmente Guinness es el tercer libro más vendido del mundo, después de la Biblia y el Corán. Este libro representa el desarrollo práctico de una idea nacida de manera completamente aleatoria, durante una cacería que tuvo lugar el 4 de mayo de 1951.

Uno de los participantes en la caza fue Sir Hugh Beaver, director gerente de las cervecerías Guinness en Dublín.

No pudo golpear a algunos chorlitos dorados. Los pájaros fueron más rápidos que su arma y huyeron a gran velocidad tan pronto como sintieron la presencia del cazador.

Este inconveniente dio lugar a un debate entre Sir Beaver y los otros cazadores, para establecer cuál era el ave más rápida.

En los días siguientes, Sir Beaver, quien evidentemente no estaba muy ocupado con el rol de administrador, continuó reflexionando sobre el problema. Al final, llegó a la conclusión de que muchos, como él, estarían interesados en saber no solo cuál era el ave más rápida, sino cualquier otro tipo de excelencia en diferentes actuaciones. Por lo tanto, decidió crear un libro donde todos pudieran acceder a este tipo de información. El contenido del libro debía ser una colección de registros en las diversas actividades. Como resultado, Sir Beaver pidió ayuda a dos especialistas en atletismo, los hermanos Ross y Norris McWhirter, y les encargó que escribieran el libro.

El libro fue publicado por primera vez el 27 de agosto de 1955 con la firma de los dos hermanos. El título fue "El libro Guinness de Recods". El libro tuvo de inmediato ese rotundo éxito que continúa hoy. (Fig.1).

Obviamente, los autores se hicieron muy conocidos, por lo que los eventos de sus vidas están muy bien documentados y presenciados.

Los gemelos Ross y Norris McWhirter

Ross y Norris nacieron el 12 de agosto de 1925 por William McWhirter, editor de Sunda Pictorial, y por Margaret Williamson.

Figura 1 - Los gemelos Norris (izquierda) y Ross McWhirter (derecha) autores de la primera edición de "El libro Guinness de Recods". Los dos fueron protagonistas de un increíble caso de comunicación extrasensorial.

En 1950, ambos se convirtieron en periodistas deportivos. Un amigo suyo, el corredor Christopher Chataway, trabajaba en la cervecería Guinness. Cuando Christopher se enteró de que el administrador Hugh Beaver estaba buscando personas competentes para hacer un libro en los records, recomendó a los gemelos. Los dos recibieron de inmediato la asignación.

En la década de 1960, Ross se convirtió en activista político del Partido Conservador. Independientemente de los tiempos difíciles, apoyó muchas leyes restrictivas promulgadas por Gran Bretaña contra la población irlandesa.

Incluso promovió una recompensa de £ 50,000 a cualquiera que haya proporcionado información útil para el arresto de una célula del IRA (Ejército Republicano Irlandés). En ese momento, el IRA estaba cometiendo muchos ataques en Londres. El IRA consideraba a Ross McWhirter como un enemigo directo.

El 27 de noviembre de 1975, dos miembros del IRA emboscaron al periodista. Lo esperaron cuando regresó a casa, a las 6.45 pm, y le dispararon dos disparos con un revólver .357.

Al mismo tiempo que mataron a Ross, el gemelo Norris estaba a unos 48 kilómetros de distancia y estaba hablando con algunas personas. De repente, a las 6.45 pm, se agarró la cabeza con las manos, como si fuera a estallar. Para asombro de los presentes, casi perdió el sentido. Las personas presentes presenciaron el hecho. El testimonio está documentado por el académico Guy Lyon Playfair en su libro "Twin Telepathy":

> "Al comienzo de la tarde del 27 de noviembre de 1975, el escritor y personalidad de televisión Ross McWhirter recibió un disparo en la cabeza y el pecho de dos hombres armados mientras estaba parado en la puerta de su casa en el norte de Londres. Fue hospitalizado, pero fue declarado muerto poco después de su llegada. Recibí una cuenta de un testigo ocular que estaba con Norris McWhirter.

Figura 2 - Thelma Morgan, Vizcondesa Furness (derecha) con su hermana gemela Gloria. Mientras Thelma, en el Reino Unido, sufría el dolor de un parto prematuro, su hermana Gloria, en Nueva York, experimentó los mismos dolores.

Norris tuvo una reacción dramática, casi como si una bala invisible lo hubiera alcanzado ".

Este no es el único caso de un gemelo que, estando a una gran distancia, reacciona a los eventos que involucran al otro gemelo.

Vizcondesa Thelma Furness

Thelma Morgan, nacida en Suiza el 23 de agosto de 1904, era hija de Harry Hays Morgan, un diplomático estadounidense que se desempeñó como cónsul estadounidense en Buenos Aires y Bruselas. Laura Delphine Kilpatrick la trajo al mundo junto con su hermana gemela Gloria. (Fig.2).

Laura Delphine era sobrino de un general de la Unión y, a través de su abuela materna, era descendiente de la casa real española de Navarra.

Por lo tanto, las hermanas gemelas tenían todas las credenciales para asistir a la mejor sociedad de la época. Thelma se convirtió en la amante del Príncipe de Gales, el futuro rey Eduardo VIII. Por lo tanto, precedió a Wallis Simpson en las gracias del rey. Más tarde, por el amor de de Wallis, Edward abdicó y se convirtió en duque de Windsor.

Durante su relación con el Príncipe Eduardo en 1929, Thelma se casó con el vizconde Marmaduke Furness. El matrimonio no duró mucho pero le permitió alardear durante toda la vida del título de Vizcondesa Furness. Durante el corto matrimonio, Thelma dio a luz a William Anthony.

La hermana gemela de Thelma, Gloria, se casó con Reginald Claypoole Vanderbilt.

A pesar de las diversas y agitadas vidas, las dos hermanas mantuvieron un fuerte vínculo psíquico. Este vínculo se manifestó rotundamente cuando Thelma, embarazada de William, tuvo que enfrentar un parto prematuro mientras estaba en Melton Mowbray, en el Reino Unido.

En ese momento su hermana Gloria estaba en el otro extremo del océano, en Nueva York, por lo que desconocía por completo el nacimiento prematuro. Sin embargo, simultáneamente con lo que le estaba sucediendo a su gemela, Gloria experimentó un dolor abdominal intenso, como si ella misma estuviera dando a luz. Gloria fue ayudada de inmediato, pero nunca fue posible establecer el origen de sus dolores. Solo más tarde fue posible vincular los dolores de Gloria con el nacimiento contemporáneo de Thelma.

Gloria percibió misteriosamente la dificultad por la que Thelma estaba pasando y participó como si hubiera sido una con ella. La unión no solo era psíquica sino también física.

Quería mencionar dos casos bien conocidos, en los que hay testimonios abundantes y seguros. Estos casos confirman que algunos pares de gemelos, en virtud de un vínculo misterioso establecido por el nacimiento común, pueden compartir sensaciones físicas de una manera que contradice todas las leyes elementales de la física. Esto es más evidente si consideramos la distancia de los gemelos cuando ocurren los hechos.

La notoriedad y los testimonios de estos casos dificultan mantener que se trata de historias inventadas. Estos episodios están tan bien documentados que también se mencionan en el sitio web de CICAP (Italian Committee for the Control of Claims on Pseudo-sciences).

Esta asociación ha asumido la misión de desafiar cualquier reclamo relacionado con fenómenos extrasensoriales. Sin embargo, el CICAP cataloga los casos descritos como "coincidencias sensoriales" y los define como "casos decididamente sensacionales".

En realidad, las historias de estos gemelos muestran una gran correspondencia con algunos aspectos típicos de las partículas subatómicas. La física cuántica ha demostrado que dos partículas correlacionadas, unidas por condiciones particulares (típicamente, el nacimiento de un evento común) adquieren la capacidad de permanecer conectados "conscientemente" a cualquier distancia, como si fueran una sola partícula. Hablaremos de eso en la segunda parte del libro.

Materia, solo materia, nada más que materia

"Los materialistas y los tontos nunca tienen dudas".
(Gilbert Keith Chesterton)

Según la ciencia actual, hay cosas que pueden ser y otras que no pueden ser.

Las primeras son todas aquellas cosas que se pueden pesar, medir y reproducir en el laboratorio. Entre estas cosas también entendemos los efectos relacionados, como el magnetismo y la gravedad.

Todos los demás casos, que comienzan con fenómenos extrasensoriales, son el resultado de una ilusión o superstición, y sus partidarios son desconcertantes o, en el mejor de los casos, sufren trastornos mentales y deben ser tratados. Para apoyar esta tesis, se buscan explicaciones absurdas que bordeen lo ridículo. En cualquier caso, la existencia de estos fenómenos se niega a priori.

Hay que decir que el foro científico apoya esta actitud en bases aparentemente sólidas, es decir, en las leyes físicas conocidas. Estas leyes han sido afirmadas y consolidadas durante algunos siglos. Estas son las leyes que nosotros mismos podemos verificar observando el mundo que nos rodea. Trataré de resumirlos brevemente.

Monismo y reduccionismo materialista

El concepto de monismo es muy antiguo, se remonta al siglo V a. C., específicamente a la filosofía de Parménides. El verdadero término de monismo fue utilizado en 1734 por el filósofo alemán Christian Wolff quien, en su trabajo "Psicología racional", define a los "monistas" como aquellos que "admiten un solo tipo de sustancia".

El monismo se distingue del dualismo o pluralismo, según el cual el todo es atribuible a dos o más tipos de sustancias. Algunos dualismos típicos son mente / materia o mente / cuerpo.

La ciencia materialista reduce toda la realidad a un solo tipo de sustancia, materia, y excluye cualquier presencia psíquica o espiritual. Solo todo lo que es físico es real. La mente, el pensamiento, la conciencia son solo el residuo de procesos químicos que tienen lugar en el cerebro.

Por cierto, especificamos que no solo hay monismo materialista; Por ejemplo, también hay un monismo llamado idealista. Esto se llama "mentalismo", y establece exactamente lo contrario: solo el aspecto mental es real.

Ambas posiciones no se corrigen a la luz de los descubrimientos recientes en física cuántica, como veremos más adelante en el libro. De hecho, ambos niegan que pueda existir un universo en el que la materia y la psique (o espíritu) colaboren armoniosamente en un gran proyecto creativo.

Determinismo y causalidad

Según estos principios, el universo es una máquina de relojería. Todo está establecido, todo está determinado. Cada evento, cada cambio de un objeto es funcional a su posición, su velocidad inicial y las fuerzas materiales presentes.

Una semilla absorbe nutrientes del suelo y produce una plántula. La semilla empuja el brote hacia la parte superior con cierta fuerza. Si la fuerza es suficiente, el brote rompe la corteza del suelo y emerge, de lo contrario muere bajo tierra. Tan pronto como emerge un virguilto, la fuerza proveniente de las raíces le permite elevarse hacia arriba. En ese momento, puede competir con las plantas circundantes para absorber la luz solar y la lluvia. Todo funciona como un reloj, la planta crece mediante una serie de mecanismos, de los cuales la planta no es absolutamente consciente.

Si arrojo una piedra, tomará un camino determinado por su peso y la fuerza con la que la arrojé. Si la piedra golpea algo, da un impulso proporcional a la energía que posee. Nunca sucederá que una piedra se arroje de sí misma, o que un objeto se mueva, si no lo solicita otro.

Por lo tanto, cada acción es causada por otra acción. Cada acción hereda fuerza de la acción que la causó y distribuye fuerza a las acciones posteriores.

Esto es muy útil para la ciencia actual porque nos permite determinar la posición de cada objeto en el universo en cualquier momento y predecir el comportamiento de máquinas y equipos industriales. Las máquinas, si reciben las energías apropiadas, pueden realizar funciones precisas hasta la milésima de milímetro para obtener los resultados deseados.

René Descartes dividió la realidad en dualismo mente-materia, anticipando así el concepto de determinismo, que excluye la necesidad de una mente. El concepto de exclusión de la mente en favor de la unicidad de la materia fue desarrollado por Isaac Newton y Pierre Laplace, en su libro sobre mecánica celeste. (Mécanique céleste, 1805).

Este fue el primer libro que no mencionó a Dios como la causa de la creación. El emperador Napoleón se sorprendió y le preguntó a Laplace: "¿Por qué no mencionaste a Dios en tu trabajo?" Laplace respondió "Es una hipótesis que no necesitaba".

La causalidad niega absolutamente la posibilidad de un proyecto creativo en el que el hombre participe. La inteligencia humana es un subproducto inútil de la materia. Todo funciona muy bien sin la necesidad de ningún tipo de inteligencia.

La continuidad y la flecha del tiempo.

La declaración de la ciencia es que cada evento es causado por otro evento. A su vez, cada evento causa otros. Esto implica el concepto de que todos los cambios y todas las dinámicas del universo se suceden continuamente, sin ninguna pausa, en un carrusel que comenzó con el Big Bang y nunca terminará. Además, toda esta evolución continua tiene lugar en una sola dirección, de acuerdo con la flecha del tiempo que avanza solo hacia adelante.

Llamamos a la "flecha del tiempo" un fenómeno tal que un sistema físico puede evolucionar desde un estado inicial a un estado posterior, en un momento dado, pero nunca puede volver al estado inicial.

La realidad tal como la percibimos se llama realidad del nivel macroscópico. En este nivel estamos sujetos a la ley de la entropía. Esta ley dice que el desorden solo puede aumentar con el tiempo. Entonces, si rompes un vaso, ciertamente podrás romper cada pieza aún más. Sin embargo, olvide que las diferentes piezas se vuelven a conectar para formar el vaso sano nuevamente.

Curiosamente, podemos ver que esto es cierto solo a nivel macroscópico. En cambio, a nivel microscópico, casi todos los procesos físicos son simétricos. Es decir, las ecuaciones que los describen muestran que funcionarían muy bien tanto hacia adelante como hacia atrás en el tiempo.

Curiosamente, de acuerdo con el principio de causalidad, la ciencia puede predecir exactamente el comportamiento del universo que nos rodea. Sin embargo, al mismo tiempo, la ciencia niega que podamos saber de antemano lo que sucederá después en nuestras vidas personales. Así, la ciencia rechaza la existencia de los fenómenos de premonición. Es decir, la ciencia afirma predecir el futuro del universo, pero niega la posibilidad de predecir el futuro del individuo.

El concepto de "localidad"

Todos los fenómenos y sus efectos solo están localizados, es decir, ocurren en una porción precisa del espacio. Además, se propagan con una velocidad y tiempo que se pueden medir con precisión.

Es imposible una acción a una distancia entre dos objetos sin la mediación de una "fuerza física" que los conecta. Es necesario que "algo" une los dos objetos a través del espacio que los separa en un momento determinado. Esta fuerza se desvanece de acuerdo con la longitud del camino.

Los objetos materiales tienen una velocidad límite de aproximadamente 300,000 kilómetros por segundo. Nada puede superar esta velocidad. Esto determina, por ejemplo, que las comunicaciones entre los satélites espaciales y la superficie del planeta pueden retrasarse incluso mucho.

Si ocurre una erupción en la superficie del Sol, podemos verla solo después de ocho minutos. Este es el tiempo que tarda la luz de la explosión en viajar a la Tierra. Entonces, si miras al Sol, debes saber que ese es el Sol hace ocho minutos; Mientras tanto, el sol puede haber explotado, pero solo lo sabremos después de ocho minutos.

Esta característica evita que una determinada acción realizada en un lugar tenga efectos contemporáneos en otro lugar.

Entonces, para dar un ejemplo espacial, podemos suponer que si un asteroide loco escapa de la Nube de Oort y apunta directamente al planeta Tierra, tendremos al menos unos años para desarrollar estrategias defensivas.

En este sentido, la ciencia ha aceptado con entusiasmo la confirmación de Einstein de que el concepto de localidad sigue siendo válido incluso en el contexto de la teoría de la relatividad.

Afortunadamente, el límite de velocidad de la luz evita que el escape del asteroide coincida con un impacto inmediato en nuestro planeta.

En el nivel macroscópico, es decir, en las dimensiones del universo, las leyes físicas conocidas impiden que esto suceda. Incluso nuestra vida diaria tiene lugar a nivel macroscópico. Las leyes locales garantizan que si, en el marco de una disputa familiar, el cónyuge nos arroja un plato, tenemos tiempo de movernos antes de ser golpeados.

Como veremos, en el nivel subatómico, en cambio, se aplica la "ley de no localidad". En este nivel, la placa nos golpearía en el mismo instante en que se lanza, cualquiera sea nuestra distancia.

Objetividad

El mundo material es absolutamente independiente del pensamiento humano, es decir, de la conciencia. La conciencia no tiene peso ni masa y, por lo tanto, no puede hacer que un objeto se mueva a distancia, como podría hacer una bola de billar. Ninguna elaboración de la conciencia puede modificar la materia o influir en ella.

Sin embargo, hay situaciones, a nivel subatómico, en las que el observador, con su voluntad y, por lo tanto, con su conciencia, determina la realidad. Con su método de observación, el observador puede establecer la naturaleza de un objeto subatómico, es decir, puede determinar si ese objeto es una onda o una partícula. No solo eso, el observador puede determinar el comportamiento del objeto. Por lo tanto, a nivel subatómico, estamos viendo una objetividad en sentido contrario. Verificaremos este aspecto en el capítulo dedicado al experimento de la doble rendija.

Síntomas ilusorios

De nuevo, según los partidarios del materialismo, todo lo que no es material es un síntoma colateral de la materia.

La conciencia, el pensamiento, los sentimientos, el amor o la piedad son manifestaciones accesorias, "espurias" de la materia, y su presencia o ausencia no afecta el desempeño de los fenómenos reales. Los fenómenos solo pueden existir si están físicamente relacionados con la materia misma. La espiritualidad y todas las elaboraciones mentales son productos de desecho de los procesos químicos que tienen lugar en la materia cerebral.

Sí, sin embargo, el teorema de integridad de Gödel ...

Tanta seguridad científica es cuestionada inmediatamente por la ciencia misma. Kurt Friedrich Gödel fue un matemático, lógico y filósofo estadounidense naturalizado, mejor conocido por su trabajo sobre lo incompleto de las teorías matemáticas.

El teorema que lleva su nombre básicamente dice una cosa. Cualquier sistema algorítmico utilizado para probar un principio matemático resulta ser incompleto o contradictorio, ya que seguramente contendrá una parte que no se puede probar.

Esto sucede cuando el algoritmo se procesa suficientemente.

Probablemente, el matemático que elaboró una proposición sin duda reconocerá su validez, sin embargo, la lógica algorítmica del sistema no podrá probarlo.

Las leyes físicas también son matemáticas. Por lo tanto, se basan en algoritmos matemáticos que inevitablemente contienen una parte lógicamente no demostrable, que sin embargo funciona.

Esto significa que, cuando un matemático elabora un algoritmo, sale del sistema lógico para capturar una verdad matemática que trasciende el contexto en el que el procedimiento lógico y la demostración son válidos.

Esta verdad ya existe, pero no puede ser "enjaulada" en la fórmula. La realidad se percibe y se usa instintivamente sin poder hacerla "sistemática"

Por lo tanto, si las leyes de la física guían el comportamiento de la materia, debe reconocerse que contienen elementos que existen a priori, que trascienden el mundo material.

Esta idea se llama "platonismo matemático" ya que Platón ya había entendido que el comportamiento del mundo material está sujeto a símbolos matemáticos que no pertenecen al proceso lógico sino al mundo arquetípico.

Mente y cerebro

¿El universo no es más que un revoltijo de materia, o tiene su propia conciencia, como siempre han afirmado las culturas más antiguas?

¿Es nuestra conciencia un subproducto de la química del cerebro o proviene de la conciencia universal?

La teoría de muchas culturas es que la "conciencia universal" es la fuente de la que fluye toda la creación. Todo está vivo y todo es uno.

Esta concepción que podemos definir como mística ha sido negada y rechazada por la cultura científica de los últimos siglos. Es una cultura que se desarrolló noblemente en la Ilustración pero luego cayó en el materialismo.

Actualmente, la mayoría de los círculos científicos creen que la mente es solo una creación del cerebro. el hombre solo sería una máquina que, como efecto secundario, ha adquirido la capacidad de procesar pensamientos y sentimientos. Si tuviéramos máquinas capaces de analizar el cerebro en profundidad, podríamos establecer con certeza qué reacción química genera en nosotros la sensación de tener un alma, de amar a nuestra madre o de creer en la existencia de la vida eterna.

La esperanza del materialismo es que algún día se pueda desarrollar un "detergente cerebral" que inhiba la formación de estas reacciones químicas problemáticas, liberando a la humanidad de toda superstición.

Por lo tanto, la ciencia considera el fenómeno de la vida comenzando desde el fondo, es decir, desde la materia como base principal. La materia se agrega en moléculas y células, que evolucionan y se elevan en la escala evolutiva bajo la guía de un ADN nacido espontáneamente del caso.

El ADN generado por casualidad genera aleatoriamente el cerebro. En el cerebro, los estímulos electroquímicos generan las disposiciones que hacen que la máquina del cuerpo funcione. Como producto secundario, el cerebro también genera sueños, sentimientos, emociones, creatividad y todo lo que llamamos actividad mental.

Por el contrario, todas las grandes tradiciones espirituales consideran el fenómeno de la vida desde la cima. En primer lugar, existe una conciencia universal de la que todo emana, en primer lugar la vida.

En cada forma de vida, la conciencia universal continúa estando presente, y cada forma de vida tiene su propia conciencia individual. La conciencia individual es un fragmento de conciencia universal. Toda la creación emana de la conciencia universal, incluida la materia. La materia también está impregnada de conciencia universal. Gracias a esto, el material se combina armoniosamente de acuerdo con un proyecto que no conoce absolutamente el caso.

El mito de la cueva

Podemos perdonar a un niño cuando tiene miedo a la oscuridad. La verdadera tragedia de la vida es cuando un hombre tiene miedo a la luz.
(Platón)

¿Cómo se hace una silla?

Siempre ha habido una corriente cultural que, a través de las diversas disciplinas del pensamiento, desde la filosofía hasta la espiritualidad y la ciencia moderna, ha apoyado la naturaleza ilusoria de la realidad en la que vivimos. Se han creado teorías de los géneros más diversos. En el poema "Sobre la naturaleza", Parménides afirma que la multiplicidad y los cambios del mundo físico son ilusorios. Como veremos, Platón en la "República" propone el famoso mito de la cueva. Más adelante, George Berkeley argumentará que tenemos la sensación de que las cosas realmente existen pero, en realidad, las cosas son solo abstracciones. Según Berkeley, no hay objetos corporales, solo colecciones de ideas.

Hasta hace unas décadas, se consideraban teorías curiosas y totalmente imaginativas. Hoy en día, la física cuántica ha demostrado que estas son ideas absolutamente dotadas de su propia dignidad. De hecho, a nuestro nivel macroscópico examinamos "cosas" y las consideramos concretas. Sin embargo, las "cosas" cambian completamente de apariencia si las examinamos en lo infinitamente pequeño.

Una silla nos parece indudablemente un objeto sólido. La misma silla, examinada a nivel de los átomos y las partículas subatómicas que la componen, se convierte en un conjunto de vibraciones dispersas en un inmenso vacío.

Toda la materia, examinada en su composición subatómica, tiene estas características. Todo lo que parece tangible, pesado y medible es solo en función de lo que perciben nuestros sentidos. Por lo tanto, los sentidos nos muestran un cosmos ilusorio e imaginario. Debe ser así para permitirnos vivir, movernos, operar en el entorno que nos rodea. Esto no evita que todas las cosas sean una ilusión gigantesca dimensionada en nuestra fisicalidad. En la práctica, vivimos en una casa de muñecas con todos los muebles y accesorios hechos a medida según nuestras necesidades y necesidades.

Figura 3 - Platón (Atenas, 428/427 a. C. - Atenas, 348/347 a. C.), fue un filósofo griego antiguo. En "Timeo" Platón discute la relación entre el mundo de la naturaleza y el mundo de las ideas.

Fuera de la casa, todo es muy diferente. Como dice el protagonista de una famosa tragedia de Shakespeare: "Hay más cosas en el cielo y en la tierra, Horace, de lo que imagina tu filosofía". (Hamlet, acto I, escena V).

Según algunos experimentos sorprendentes, todo lo que percibimos como "realidad", incluidos nuestros propios cuerpos, podría ser el resultado de las interacciones que se producen entre nuestra conciencia y los estímulos de luz, químicos, eléctricos y de cualquier naturaleza percibida por nuestro Sentidos.

En la práctica vivimos en una visión de la realidad que nos rodea completamente reelaborados por nuestra conciencia. Sabemos muy poco acerca de esta realidad, cómo se hace realmente.

Entonces, ¿qué es realmente la realidad? Si nos referimos a lo que podemos tocar, oler, saborear o ver, estamos en un camino falso. Todas estas "sensaciones" son solo señales químicas, eléctricas u otras. Nuestros sentidos perciben estas señales y las envían al cerebro. Luego, el cerebro construye una imagen de acuerdo con procedimientos poco conocidos.

Si miramos un árbol frente a nosotros, la vista percibe su forma y lo envía al cerebro. La imagen del árbol se construye en el cerebro, que atribuye los colores, olores, sustancias y otras características a la forma del árbol. Más allá de la mediación de los sentidos, no sabemos cómo está hecho el árbol, ni cuáles son sus colores, ni sabemos si, en realidad, está coloreado.

Platón y la búsqueda del conocimiento.

Platón fue un antiguo filósofo griego. Junto con su maestro Sócrates y su alumno Aristóteles, sentó las bases del pensamiento filosófico occidental. (Fig. 3). Nació en Atenas de padres aristocráticos: su padre Aristone tuvo entre sus antepasados al último rey de Atenas, Codro, mientras se dice que su madre, Perictione, descendía del legislador Solone.

Su padre le dio el nombre de Aristocles, su profesor de gimnasia. El propio Aristocles le dio el apodo de Platón, tanto por el ancho de sus hombros como para evitar que el alumno tuviera el mismo nombre que el maestro.

Según Apolodoro de Atenas, Platón nació al comienzo de la 88.ª Olimpiada, el séptimo día del mes de Targellion, es decir, a fines de mayo del 428 a.C. Platón tenía dos hermanos, Adimanto y Glaucone, a quienes se menciona en su obra "Repubblica". También tenía una hermana mayor, con el curioso nombre de Potone.

Speusippo, hijo de Potone, elogió la inteligencia y la memoria prodigiosa mostrada por Platón cuando era un niño.

Platón participó en tres expediciones militares, durante la guerra del Peloponeso, en Tanagra, Corinto y Delio.

Después de conocer a Sócrates, Platón destruyó todas sus composiciones poéticas y se dedicó por completo a la filosofía.

El encuentro con Sócrates fue fundamental. Platón se vio particularmente afectado por el hecho de que su maestro fue acusado de impiedad y corrupción de los jóvenes por el gobierno democrático ateniense. Sócrates fue condenado a muerte en 399 a. C.

Después de la desaparición de Sócrates, sus discípulos, incluido Platón, abandonaron Atenas para refugiarse en Megara.

A partir de 395 a. C. Platón comenzó a escribir los primeros "diálogos". En estos escritos aborda el problema cultural representado por la figura de Sócrates y su injusta condena. Platón critica amargamente la función de los sofistas. Los sofistas eran "maestros de la virtud" a quienes se les pagaba para que impartieran sus enseñanzas, por eso se les llamaba "prostitutas culturales".

En 387 a.C.. Platón regresó a Atenas; y compré un parque dedicado a Academo. En este parque fundó una escuela que llamó la Academia.

La Academia tenía sus raíces en la ciencia y en el método de enseñanza particular llamado dialéctica. La enseñanza tuvo lugar a través de debates, en los que participaron los propios alumnos, dirigidos por Platón o por los alumnos mayores. A veces se celebraban conferencias de personas distinguidas que pasaban por Atenas en la Academia. Platón murió en 347 a. C.

Filosofía platónica

Según Platón, el ser humano se compone de dos partes. La primera parte consiste en un cuerpo irremediablemente vinculado al mundo sensible. Por lo tanto, la primera parte sigue el mismo destino que todo lo que pertenece a este mundo, como las plantas y los animales.

La segunda parte del ser humano es el alma, compuesta de conciencia y razón. Esta parte no está hecha de materia y, por lo tanto, es inmortal, porque no puede caer en disolución.

Platón afirma la existencia del Mundo de las Ideas. Este mundo existe como el mundo de las cosas materiales. El mundo de las ideas es el lugar privilegiado para la existencia del alma y puede ser observado por el hombre a través de la razón.

Las almas aguardan en el Mundo de las Ideas a la espera de establecerse en un cuerpo, y el conocimiento perfecto de las Ideas madura en esta expectativa. Sin embargo, cuando las almas descienden a un cuerpo, olvidan este conocimiento, o más bien solo retienen un leve recuerdo de él. Por lo tanto, cada forma de aprendizaje que se desarrolla en la vida humana no es una nueva adquisición de información, sino un proceso de reminiscencia de cosas ya conocidas, incluso si se olvidan.

La base conceptual de la filosofía de Platón se desarrolla en varios diálogos como Menone, Phaedon y Theetetus. En estas obras, niega que la búsqueda del conocimiento sea imposible, como afirman los Eristi en sus supuestos, resumidos de la siguiente manera:

- Si no sabe lo que está buscando, si lo encuentra, no lo reconocería como el objetivo de su investigación.
- Si ya sabe lo que está buscando, su búsqueda no tiene sentido.

Platón resuelve el problema oponiendo su filosofía de Ideas a estos supuestos. El objeto de la investigación es solo parcialmente desconocido, porque el alma de cada hombre contempla las ideas originales antes del nacimiento, pero luego las olvida. En consecuencia, el objetivo de la búsqueda del hombre es el conocimiento que ya está presente en él, incluso si se olvida.

El mito de la cueva

Para Platón, las ideas son perfectas e inmutables, y preexisten con respecto al cuerpo, por lo tanto, no pueden derivarse de los sentidos (vista, oído, olfato, etc.) que son instrumentos imperfectos del cuerpo. Para explicar este concepto, utiliza el mito de la cueva. Este es un lugar de encarcelamiento para hombres obligados a mirar una realidad engañosa, las sombras reflejadas en la pared del fondo. Las imágenes reales se encuentran fuera de la cueva, a la luz del sol, es decir, a la luz de la razón y el conocimiento no mediados por los sentidos; desafortunadamente, los prisioneros no lo saben.

Platón propone el que es el más famoso de sus mitos en el Libro VII de su obra "Repubblica" y lo expone a través de un diálogo entre Sócrates y el discípulo Glaucone.

> Y ahora, Glaucone, represéntate hombres en una morada subterránea en forma de caverna, que tiene la entrada abierta, en toda su extensión, a la luz. En ella están desde niños con las piernas y el cuello encadenados, de modo que deben permanecer allí y mirar sólo delante de ellos, porque las cadenas les impiden girar en derredor la cabeza. Más arriba y más lejos se halla la luz de un fuego que brilla detrás de ellos; y entre el fuego y los prisioneros hay un camino más alto, junto al cual imagínate un tabique construido de lado a lado, como el biombo que los titiriteros levantan delante del público para mostrar, por encima del biombo, los muñecos.
>
> \- Me lo imagino.
>
> \- Imagínate ahora que, del otro lado del tabique, pasan hombres que llevan toda clase de utensilios y figurillas de hombres y otros animales, hechos en piedra y madera y de

diversas clases; y entre los que pasan unos hablan y otros callan.

- Extraña comparación haces, y extraños son esos prisioneros.

- Pero son como nosotros. Pues en primer lugar, ¿crees que han visto de sí mismos, o unos de los otros, otra cosa que las sombras proyectadas por el fuego en la parte de la caverna que tienen frente a sí?

- Claro que no, si toda su vida están forzados a no mover las cabezas.

- ¿Y no sucede lo mismo con los objetos que llevan los que pasan del otro lado del tabique?

- Indudablemente.

- Pues entonces, si dialogaran entre sí, ¿no te parece que entenderían estar

nombrando a los objetos que pasan y que ellos ven?

- Necesariamente.

- Y si la prisión contara con un eco desde la pared que tienen frente a sí, y

alguno de los que pasan del otro lado del tabique hablara, ¿no piensas que creerían que lo que oyen proviene de la sombra que pasa delante de ellos?

- ¡Por Zeus que sí!

- ¿Y que los prisioneros no tendrían por real otra cosa que las sombras de los objetos artificiales transportados?

- Es de toda necesidad.

- Examina ahora el caso de una liberación de sus cadenas y de una

curación de su ignorancia, qué pasaría si naturalmente les ocurriese esto: que uno de ellos fuera liberado y forzado a levantarse de repente, volver el cuello y marchar mirando a la luz, y al hacer todo esto, sufriera y a causa del

> encandilamiento fuera incapaz de percibir aquellas cosas cuyas sombras había visto antes. ¿Qué piensas que respondería si se le dijese que lo que había visto antes eran fruslerías y que ahora, en cambio está más próximo a lo real, vuelto hacia cosas más reales y que mira correctamente? Y si se le mostrara cada uno de los objetos que pasan del otro lado del tabique y se le obligara a contestar preguntas sobre lo que son, ¿no piensas que se sentirá en dificultades y que considerará que las cosas que antes veía eran más verdaderas que las que se le muestran ahora?

El mito de la cueva representa una analogía perfecta entre la condición de los prisioneros y nuestra condición. Analizando el simbolismo del mito podemos establecer algunos paralelos:

- Los presos encadenados nos representan a nosotros mismos.
- El interior de la cueva es nuestro mundo empírico, es decir, el mundo cotidiano de nuestra experiencia.
- Las cadenas que nos aprisionan son los sentidos. Los sentidos son herramientas absolutamente imperfectas que nos obligan a ver una falsa realidad.
- Las sombras que aparecen en el fondo de la cueva son sueños, miedos, fantasías e ilusiones. Estos se basan en la falsedad general de la situación.
- Liberarse de las cadenas para ver la realidad y la luz del sol significa liberarse del condicionamiento de los sentidos.

Este condicionamiento no es filosófico sino físico. Podemos escuchar y ver solo dentro de los límites estrechos de las frecuencias posibles, podemos probar dentro de los límites de lo dulce y lo salado. Por lo tanto, solo podemos tener información limitada sobre los objetos. Podemos evaluar su dureza y su calor de una forma absolutamente cruda. Al mismo tiempo, no podemos entender nada sobre la esencia más fina de las moléculas y los átomos que forman la materia.

La liberación de los sentidos de las cadenas no puede ser física, porque no podemos obligar a los sentidos a funcionar de manera diferente. Además, debemos estar agradecidos con los sentidos por su funcionamiento, porque nos permiten interactuar con la realidad macroscópica en la que vivimos.

Por tanto, la liberación debe ser intelectual. Tenemos que construir dentro de nosotros mismos la conciencia de que existe una realidad "allá afuera". Los sentidos no nos permiten ver esta realidad. Sin embargo, esta realidad se puede vivir con razón.

En el nivel de conciencia, podemos reconocer que todas las verdades negadas por los sentidos, la espiritualidad, el alma, la dimensión psíquica de las ideas y una inteligencia ordenadora del cosmos están ahí afuera y pueden entrar en nuestras conciencias iluminándolas con la luz de la verdad. . Esto puede suceder a pesar del hecho de que, físicamente, en la vida cotidiana, seguimos encadenados por la prisión de los sentidos.

Los prisioneros nunca han visto nada más que sus sombras, por lo que piensan que las sombras son realidad. Sin embargo, un prisionero se libera y mira a su alrededor. Él ve los objetos y herramientas que pasan sobre la pared y entiende que son más reales que las sombras. Sale de la cueva y queda deslumbrado por el sol. Siente que todo es más cierto fuera de la cueva. Se pregunta de dónde viene la luz y se da cuenta de que la luz le da sentido al conjunto. La luz representa el conocimiento y la idea del bien y la belleza.

Sin embargo, Platón no asigna un valor totalmente negativo a las sombras. El camino que sale de la cueva comienza desde las sombras. Las sombras están relacionadas con objetos reales. Según Platone, sobre todo están las Ideas, de las que derivan los objetos del mundo sensible. Las Ideas son los Arquetipos, es decir, los modelos. Los objetos reales, que se reflejan como sombras para los prisioneros, se forman en estos modelos.

Toda la filosofía de Platón presupone la existencia de un nivel superior puramente psíquico o espiritual, el Mundo de las Ideas, y tiene muchas similitudes con la teoría de los arquetipos y el inconsciente colectivo desarrollado muchos siglos después por Carl Jung.

Figura 4 - Algunas personalidades que han planteado teorías contrarias al materialismo (foto de la web).

De Platón al vitalismo

El vitalismo se desarrolló entre los siglos XVIII y XIX, a raíz de las ideas neoplatónicas y la filosofía renacentista. Según esta corriente de pensamiento, las ideas de Platón se extienden a toda la naturaleza. Las ideas son una parte constitutiva de cada organismo y de todo lo que existe. Por lo tanto, todo el cosmos está animado por un principio inteligente, el Alma del mundo. (en latín *Anima Mundi*).

Este término filosófico indica la vitalidad de la naturaleza en su totalidad. La naturaleza se considera similar a un solo organismo vivo. Por lo tanto, el Anima Mundi es el principio unificador del cosmos. Los organismos individuales toman forma de este principio. Todos los organismos están articulados y diferenciados, cada uno de acuerdo con sus propias especificidades individuales, pero están unidos por el Alma Universal común.

Gottfried von Leibniz atribuyó la vida y la capacidad de pensamiento incluso a la materia inerte. Esto, por supuesto, estaba en marcado contraste con el determinismo materialista, que nunca aceptó la posibilidad de una unidad profunda de toda la naturaleza.

Un gran defensor del vitalismo en el siglo XX fue Henri-Louis Bergson (1859-1941), filósofo francés y Premio Nobel de literatura en 1927. En sus escritos, en controversia con el determinismo materialista, reafirma que la vida biológica, como el conciencia, no es una agregación casual de compuestos químicos que se reproducen, sino una creación perenne e incesante.

Bergson sostiene que en la base de todo hay un ímpetu vital, que empuja la materia hacia realizaciones cada vez más complejas. Este impulso se expande en diferentes direcciones y con diferentes intensidades. De esta manera, explica la existencia del mundo de las plantas separado del mundo de los animales. En la concepción de Bergson, las tesis materialistas del mecanismo y el determinismo ya no tienen sentido. La evolución concebida por Bergson parte del supuesto de que nada está fijo o determinado, pero todo es realidad en movimiento. La evolución es tanto sujeto como objeto en sí misma, porque sigue un proceso que tiene un solo origen. Este proceso tiene lugar en un impulso continuo hacia la vida, por lo que el proceso bergsoniano representa una evolución creativa. En este contexto, la materia es solo la culminación del desarrollo de un camino específico de impulso creativo. Entonces, según Bergson, la materia es una manifestación del espíritu.

Bergson también condena los intentos de descubrir el misterio de la vida analizando las partes individuales de un ser vivo. En este sentido, comparte la declaración de Mefistófeles en Fausto:

> "Para comprender y describir una realidad viva, primero se procede al matarla y desmembrarla.
> Entonces solo tienes fragmentos inertes en tu mano que, desafortunadamente, carecen de referencia a la vida ".

El misterio de la vida nunca puede entenderse desmantelando a un ser vivo en pedazos. De hecho, a los materialistas les gustaría hacerlo, imitando a un niño que desarma el juguete para comprender cómo funciona. Con el juguete se puede hacer, porque el misterio de cómo funciona radica en algún resorte o engranaje, por lo que el misterio se ubica dentro del juguete. Sin embargo, el misterio de la vida no es interno de la criatura: viene del exterior, es parte del Alma del mundo.

De Hans Driesch a Carl Jung

Una figura de particular interés en el campo del vitalismo es la de Hans Driesch, filósofo y biólogo alemán (1867-1941), pionero de la investigación en el campo de la embriología. Entre 1891 y 1900 realizó una investigación sobre el erizo de mar en la Estación Zoológica de Nápoles. Al principio trató de explicar el desarrollo de embriones basados en teorías mecanicistas, pero pronto tuvo que reconocer la insuficiencia de esas teorías. Él propuso la tesis de un principio vital no material inherente a los organismos pero que proviene de fuera de ellos. Este principio coincide con el propósito de la naturaleza. El principio hipotetizado por Driesch es la causa del desarrollo y la evolución de los seres vivos, tanto como especie como como individuos en la especie, cada uno con sus propias particularidades.

A partir de los estudios de Aristóteles, Driesch llamó a este principio "*entelequia*". Este término indica una realidad que contiene en sí misma el objetivo final hacia el cual tiende a evolucionar. Aplicada a una especie o incluso a un individuo, la entelequia presupone la existencia de un "lugar" donde reside esta información.

Es un "lugar" externo a la fisicalidad del individuo. Sin embargo, las personas pueden extraer información de este "lugar".

Las teorías de Driesch fueron particularmente fascinantes para Carl Jung. En su trabajo publicado en 1952, " *La sincronicidad como principio de las conexiones casuales* ", con el que anunció oficialmente su teoría de la sincronicidad con el mundo, el psicólogo suizo reconoce que ha sido influenciado desde 1925 por la lectura de los escritos de Driesch. Así escribe Jung en una nota de su trabajo:

> "El propósito psíquico se basa en un sentido" preexistente "que se vuelve problemático sólo más tarde, cuando se convierte en una adaptación inconsciente. En este caso, de hecho, uno debe suponer un tipo de "conocimiento" antes de toda conciencia. Hans Driesch también llegó a esta conclusión ".

Las reflexiones de Jung sobre la sincronicidad comenzaron ya en 1916, pero las primeras formulaciones explícitas de la teoría tuvieron lugar alrededor de 1925, coincidiendo con los hallazgos con las teorías de Driesch.

Los "grados de ser" de Ernst Schumacher.

En su volumen "The epochal winter. Current considerations" Hanspeter Padrutt retoma y comenta un ranking especial formulado

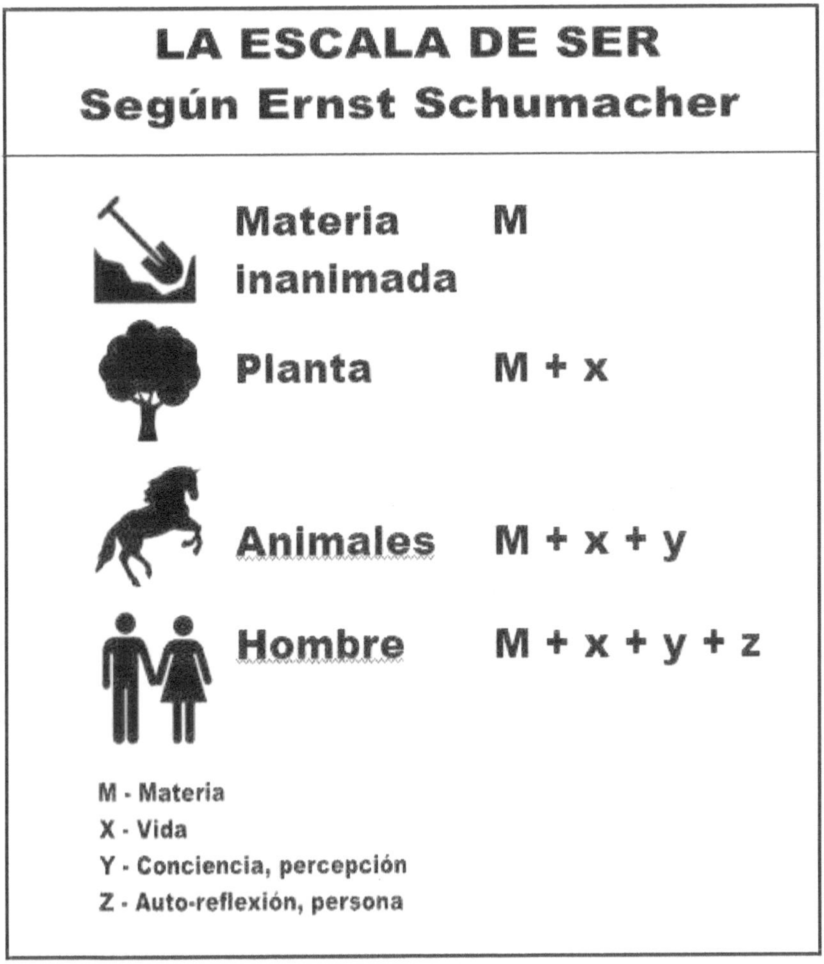

Figura 5 - Según Ernst Schumacher, un influyente filósofo y economista alemán, cada nivel de la realidad implica la existencia de un nivel superior.

en el siglo pasado por Ernst Friedrich Schumacher, sobre los diferentes grados del ser (fig. 5).
Ernst Schumacher fue un influyente filósofo y economista alemán, nacido en Bonn en 1911 (fig. 4). Emigró a Inglaterra antes de la Segunda Guerra Mundial para no vivir bajo los nazis: a pesar de ello, al estallar la guerra, fue considerado un "enemigo alienígena" y fue internado en una granja aislada del Reino Unido. Durante este período conoció al famoso economista John Keynes. Keynes valoró algunas de sus obras y obtuvo su liberación. De esta forma, Schumacher pudo contribuir a la recuperación económica y financiera del gobierno británico. Como resultado, Schumacher obtuvo un buen puesto en la Universidad de Oxford.

Ernst Schumacher se interesó por los problemas de la minería del carbón y se hizo conocido por su crítica de las economías occidentales y sus propuestas para adoptar tecnologías industriales más humanas.

En 1977 publicó "Una guía para perplejos". En este ensayo critica el materialismo científico y profundiza en la exploración de la naturaleza y organización del conocimiento del ser. En esta pequeña "guía para vivir en el mundo", Schumacher renuncia a los paradigmas de la ciencia clásica e invita al lector a referirse a sí mismo y tomar posesión de su propia vida y del sentido de la existencia, a "vivir" subjetivamente y no "ser vivido". "objetivamente.

Además de la economía y la filosofía, su gran pasión era la jardinería, a la que se dedicó con pasión. Murió en 1977 mientras viajaba por Suiza.

Transfirió parte de su investigación filosófica a una mesa. En esto notamos su formación como economista. De hecho, Schumacher expresa su idea sobre los diferentes niveles de conciencia y conocimiento de una manera inusual que recuerda más a fórmulas matemáticas que a conceptos filosóficos. Sin duda, este método da una gran claridad a los conceptos.

El psicólogo y filósofo William James (presidente de la Sociedad de Investigación Psíquica de 1894 a 1895) es conocido por su declaración:

"Lo que sabemos es sólo una pequeña gota en el gran océano de la ignorancia".

Esta observación tiene dos siglos de antigüedad, pero sigue siendo cierta y actual, especialmente hoy. En 1835 Auguste Comte, un filósofo francés considerado el padre del positivismo, afirmó perentoriamente que nunca podríamos estudiar de ninguna manera la composición química de las estrellas. Hoy esto se hace normalmente.

En el campo científico, hoy más que ayer, está bastante claro que sabemos muy poco. Hace solo unas décadas se creía que los átomos eran la parte más pequeña de la materia y que esto no era divisible; en cambio, hoy en día, se siguen descubriendo nuevas partículas en aceleradores y la física cuántica plantea serias dudas sobre qué son las partículas, llegando a la hipótesis de que no existen en absoluto sino que consisten únicamente en energía vibrante.

El horizonte del conocimiento humano va cada vez más lejos: la teoría de la relatividad acaba de trastocar nuestras certezas sobre la fijeza del tiempo y el espacio, y ya estamos averiguando cómo ese universo, que creíamos conocer tan bien, nos es desconocido. al menos el 90%. La materia oscura podría valer solo el 90% del universo. En cuanto a la materia oscura, se asemeja al fénix: del poeta Metastasio: "che ci sia ciascun lo dice, dove sia nessun lo sa". ("todo el mundo dice que hay, nadie sabe dónde está")

Cada día conquistamos un pequeño espacio de conocimiento, solo para darnos cuenta entonces que ese espacio es una ventana abierta a nuevos territorios inmensos y desconocidos. Hoy en día, la ciencia tiene cientos, si no miles, de ventanas abiertas a paisajes de los que solo la existencia es segura, mientras que el contenido sigue siendo completamente desconocido.

Sabemos que estamos hechos de materia. Somos una agregación de moléculas, que a su vez son agregados de átomos, que a su vez son agregados de partículas elementales. Sin embargo, ¿qué lugar tiene la chispa de la vida, dónde reside? ¿Dónde reside la organización de estas agregaciones de materia? Nuestro cuerpo es un vehículo, una máquina extremadamente eficiente; pero el conductor, ¿dónde está?

¿Todo vino por casualidad? La materia, después de haberse agregado milagrosamente en nuestro cuerpo, ¿ha adquirido también la capacidad de guiarse a sí misma?

En 1981, dos astrónomos de renombre, Fred Hoyle y Chandra Wickramasinghe, querían calcular la probabilidad de que la vida naciera así, por casualidad. Concluyeron que habría una probabilidad igual a la de un huracán que, al descargar su poder en un vertedero de metales y moverlos en el torbellino de los vientos, podría formar un Jumbo Jet listo para volar. Perfecto. Pero incluso si esto sucediera milagrosamente, ¿de dónde vendría el piloto capaz de despegar en vuelo?

A pesar de los mejores esfuerzos de los materialistas, es evidente que la materia por sí sola no puede ir más allá de cierto límite. Detrás de la perfección del universo debe haber una inteligencia, una conciencia superior que guíe todo.

La humanidad espera que la ciencia, como meta cercana y necesaria, se proponga finalmente la meta de renunciar al materialismo y la búsqueda de un nivel inmaterial, una "Conciencia Universal" independiente del tiempo y el espacio, un "Campo de energía e información "que contiene el" Proyecto ", el" Folleto de instrucciones ", todo el conocimiento del que las conciencias individuales ya extraen, sin saberlo, hoy.

Nuestra conciencia individual es parte de una conciencia más amplia, de la que extrae información y sabiduría.

Mi hígado probablemente no sepa que es parte de un todo más grande, que es mi cuerpo. Asimismo, soy parte de un todo mayor, sin saberlo. Sin embargo, el conjunto mayor del cual soy parte me conoce y me cuida.

En este sentido, Schumacher propone en su tabla diferentes etapas en las que una parte del universo forma parte de un todo mayor, incluso sin saberlo; el conjunto más grande, a su vez, incluye las partes que están más abajo en la escala y agrega algo más (fig. 5).

El nivel más bajo (M) es el de materia inerte que se puede pesar y medir. Es parte del nivel superior, el del mundo vegetal. Este nivel incluye M pero agrega x, que significa vida.

Por lo tanto, si el nivel mineral es solo M (materia), el siguiente nivel, el vegetal, es M + x, materia + vida. Pero este nivel es, a su vez, parte de un nivel superior, el tercero.

El tercer nivel, relacionado con el reino animal, incluye el inferior (M + x) pero agrega y, es decir, la conciencia y la capacidad de percibir. Por tanto, el tercer nivel se convierte en M + x + y.

Todo el tercer nivel es entonces parte del cuarto, el relacionado con el hombre, que agrega z, es decir, la autoconciencia del "Sí mismo" de uno. Por tanto, en los "grados del ser" el hombre es M + x + y + z.

Schumacher detiene su escalera aquí. Pero si cada paso es naturalmente parte de un paso superior, ¿de qué formará parte el nivel humano?

¿Por qué no debería haber también un nivel superior, que incluye M, x, y, z pero también "algo más"?

La respuesta más natural es sí. Está el quinto nivel, el de la "Conciencia Universal", que agrega valor.

Sin saber cómo llamar y definir este valor, lo llamamos "infinito". Su símbolo es ∞.

El quinto nivel de la escala se convertiría en M + x + y + z + ∞.

La escala de los grados del ser, así completada, hace al hombre parte de una Conciencia universal que incluye todo el universo: Materia, vida, conciencia, autoconciencia, energía e información infinita.

De esta forma la parte inmaterial de nosotros mismos, nuestro piloto personal, quedaría unida con el gran piloto universal del que recibiría la patente. Nuestra conciencia personal estaría en continuo diálogo con la Conciencia universal y finalmente sabríamos de dónde vienen nuestras intuiciones profundas, nuestro conocimiento a priori, nuestros sentimientos más nobles y absolutamente ajenos a esa animalidad a la que el materialismo quisiera forzarnos.

Además, a lo largo de la historia de la humanidad, el hombre siempre ha creído intuitivamente en algo superior al que ha llamado con los nombres de divinidades infinitas. Ciertamente hay una Inteligencia Cósmica que está más allá de nuestro entendimiento. Nos afecta continuamente.

Parece que el hombre tiene una necesidad innata de creer en algo más grande. Después de todo, incluso la convicción de que no hay nada más grande sigue siendo una creencia, una fe.

Sueños que sugieren inventos y éxitos.

La afirmación de que los mensajes útiles para el desarrollo de las personas o incluso de la humanidad se derivan de la Conciencia Universal es confirmada por muchas personalidades famosas de las artes y la ciencia que afirman haber recibido la inspiración para sus creaciones en un sueño. La historia está llena de problemas resueltos al amanecer. Por ejemplo, Friedrich Kekulé, un químico alemán cuyo nombre está asociado a la definición de la estructura del benceno y los compuestos aromáticos, soñó con una serpiente mordiéndose la cola y al despertar se dio cuenta de que la molécula de benceno era hexagonal.

Tabla periódica de Mendeleev.

En los círculos científicos rusos se afirma que Dmitry Ivanovich Mendeleev llegó a determinar la composición de la Tabla de los Elementos gracias a un sueño. El célebre químico (1834-1907) quiso organizar de forma racional los 65 elementos químicos conocidos en su época. Había adivinado que el modelo organizativo tenía que estar vinculado al peso atómico, pero no pudo determinar la relación exacta. Según el químico ruso B.M. Kedrov, en su ensayo "Sobre la cuestión de la creatividad científica", Mendeleev declaró:

> "En un sueño vi una superficie plana, donde todos los elementos estaban dispuestos en el orden requerido. Después de despertar, inmediatamente dibujé esa disposición en una hoja de papel".

Así nació la tabla periódica que aún hoy conocemos. Mendeleev notó que la disposición vista en un sueño era tan precisa que revelaba que algunos elementos se habían medido de manera inexacta.

El motor de búsqueda de Google.

Larry Page, cofundador de Google, dice que la idea de un motor de búsqueda con las características de Google se le ocurrió durante un sueño "vívido". Tras hablar de ello con su amigo Sergey Brin, dieron a luz junto a Backrub, el precursor del actual Google.

Paul McCartney y Yesterday.

Paul McCartney le dice a su biógrafo Barry Miles que una mañana de 1965 se despertó con música en la cabeza. Se levantó y tocó en el piano la melodía que se convertiría en Ayer. Hoy esta canción nacida de los sueños está en el Libro Guinness como la canción más grabada.

La transmisión de señales en el cerebro.

A principios de la década de 1900, los científicos creían erróneamente que la transmisión de señales en el cerebro se producía eléctricamente. En cambio, un sueño de Otto Loewi sugirió la teoría exacta. Loewi fue profesor en la Universidad de Graz en Austria, pero se mudó a los Estados Unidos durante el régimen nazi. Aquí enseñó en la Universidad de Nueva York, ciudad donde falleció en 1961. Sus estudios se centraron en la farmacología de sustancias que actúan sobre el sistema nervioso autónomo, tanto sobre el simpático como sobre el parasimpático, descubriendo que los mediadores activos en el El funcionamiento de los nervios y músculos es químico y no eléctrico.

Loewi llegó a este descubrimiento después de un sueño. Se despertó y escribió algunas notas en un papel. Al despertar se dio cuenta de que había escrito los fundamentos de la teoría que cambiaría la historia de la medicina: es decir, que la información se transmite químicamente, a través de mediadores químicos activos.

Gracias a este descubrimiento, en 1936 Otto Loewi ganó el premio Nobel de fisiología.

Niels Bohr y el átomo.

En un artículo escrito en el Instituto Tecnológico de Massachusetts (MIT) por Edwina Portocarrero con algunos de sus colaboradores leemos lo siguiente:

«Niels Bohr (1885-1962) desarrolló el modelo atómico basándose en un sueño suyo. En el sueño, Bohr estaba sentado en el Sol mientras todos los planetas, girando, silbaban y se movían como si fueran cuerdas ».

De hecho, el modelo atómico actual consta de un núcleo central y una serie de electrones que giran a su alrededor. El artículo de Portocarrero estuvo dedicado a los sueños y se tituló "Lecciones sobre la almohada: interfaz discontinua para el recuerdo y reproducción de los sueños".

Mary Shelley y Frankenstein.

En mayo de 1816, un grupo de escritores se alojaba en un hotel en Ginebra. Entre estos escritores se encontraban Lord Byron, su amante Claire Clairmont con su hermana Mary Shelley y otras personas que aman las letras. El día estaba lluvioso y decidieron superar el aburrimiento leyendo historias de fantasmas alemanas. Byron propuso entonces componer una historia de fantasmas ellos mismos: todos estuvieron de acuerdo. Mary Shelley no tenía idea de cómo empezar, pero en el transcurso de la noche vio en un sueño el momento en que el científico loco creó a Frankenstein. A la mañana siguiente se puso a trabajar escribiendo la escalofriante secuela y el libro fue tan exitoso como lo conocemos. ¿Qué sería la literatura de terror hoy sin Frankenstein?

"Misery no tiene que morir".

Este es uno de los libros más populares de Stephen King, del que también se hizo una película. El propio autor dice que la idea de la trama, basada en un fan que tiene prisionera a su escritor favorito para reescribir el final de una historia, le llegó durante un sueño en un avión.

La máquina de coser de Elias Howe.

La invención de la máquina de coser se atribuye a Elias Howe (1819-1867), quien tuvo el mérito de mejorar mucho algunos proyectos existentes y de patentar su versión mejorada. Durante mucho tiempo Howe estuvo atascado con su proyecto: de hecho, Howe no sabía dónde colocar el ojo de la aguja.

Debido a este problema, el trabajo se detuvo y estaba cayendo en la pobreza. Su idea original era seguir la tradición y poner el ojo en el extremo superior. Sin embargo, al hacerlo, el hilo siempre se enredaba. Nunca había pensado en colocar el ojo cerca de la punta de la aguja.

En 1845 Howe tuvo un sueño extraño. Algunos caníbales lo habían capturado y lo habían apuñalado con sus lanzas. Su ojo entrenado notó que las lanzas tenían un agujero al lado de la punta. Dicho y hecho, aplicó esta idea a su invento y nació la máquina de coser.

Los sueños de Wolfgang Pauli.

El físico ganador del premio Nobel Wolfgang Pauli afirmó repetidamente que recibió la inspiración en un sueño, útil para la formulación de sus teorías científicas.

Un sueño que ocupó a Pauli durante toda su vida fue lo que llamó el "Reloj Mundial". En el sueño, Pauli vio dos ruedas concéntricas girando no concéntricas. Desafortunadamente, las ruedas estaban conectadas por un eje central imposible. En el momento del sueño, Pauli estaba en análisis en el estudio de Jung, y comprendió que la imagen contenía un mensaje que debía transponerse a su investigación científica: para Pauli, las dos ruedas representaban la psique y la materia, que debían unificarse en forma científica física. teoría. Desafortunadamente, a pesar de perseguir este objetivo como una misión para toda la vida, Pauli no pudo encontrar una manera de reconciliar el materialismo científico con la espiritualidad. De hecho, la ciencia moderna rechaza cualquier referencia a la psique o al espíritu como lepra.

De Platón a Berkeley.

En el mito de la cueva Platón sugiere que todas las cosas, tal como las vemos, no son más que una gigantesca ilusión, pero no llega a afirmar explícitamente que las cosas no existen. Este concepto, sin embargo, se enuncia varias veces en el pensamiento humano y se convierte en la columna vertebral de la filosofía de George Berkeley (fig. 6). El teólogo y obispo anglicano irlandés, Berkeley, junto con John Locke y David Hume, fue uno de los tres grandes empiristas británicos. Según Berkeley, los únicos objetos del conocimiento humano son las ideas.

Lo que definimos como cosa no es más que un conjunto de ideas. Por ejemplo, una manzana no es más que el conjunto de cierto color, cierto sabor, cierto olor, cierta forma, cierta consistencia.

Todos los objetos que creemos que existen (porque los sentidos nos hacen creer que existen) de hecho no existen en absoluto: no tienen consistencia, no tienen cuerpo, son solo ideas que, transmitidas por los sentidos en el cerebro, configuramos atribuyéndoles una falsa impresión de materialidad.

No conocemos los objetos en absoluto: solo conocemos las ideas de los objetos que los sentidos transmiten a nuestro cerebro. Vivimos como en un sueño, como los prisioneros de la cueva platónica que observan las sombras creyendo que son reales. Tenemos percepciones espacio-temporales relativas a presuntos objetos que, sin embargo, no existen.

El árbol de Berkeley.

Es útil repetir una pregunta antigua: si un árbol cae en un bosque y no hay nadie alrededor, ¿hace ruido? Esta pregunta fue propuesta por George Berkeley.

Berkeley nació en Kilkenny, Irlanda el 12 de marzo de 1685 y murió en Oxford el 14 de enero de 1753. Se graduó en 1707, completó sus estudios universitarios en matemáticas, lógica, literatura clásica, teología y filosofía en el Trinity College de Dublín. Inmediatamente profundizó su conocimiento de los grandes pensadores de su tiempo leyendo las obras de Locke, Gassendi, Descartes, Newton, Descartes, Hobbes y otros, dando así forma y dirección a la evolución de su pensamiento, como para poder enunciar el principio cardinal de su filosofía: el inmaterialismo.

En 1709 publicó el Ensayo de una nueva teoría de la visión y al año siguiente el Tratado sobre los principios del conocimiento humano. En 1713 también escribió los Diálogos entre Hylas y Philonous.

En 1728 se casó con Anne Forster, la hija mayor de John Forster, presidente de la Cámara de los Comunes de Irlanda. Beneficiado de una conspicua herencia, su espíritu de ferviente religioso lo llevó a querer partir, con su esposa, a las nuevas tierras de América donde pretendía desarrollar la actividad misionera fundando un Colegio en las Islas Bermudas.

Figura 6 - George Berkeley fue un filósofo, teólogo y obispo anglicano irlandés. Afirma que los únicos objetos del conocimiento humano son las ideas; las cosas en sí mismas no existen, son solo un conjunto de ideas.

Mientras esperaba recibir los fondos prometidos, Berkeley se mudó a Estados Unidos y se instaló en Rhode Island, donde nació Henry, su primer hijo. Desafortunadamente, el filósofo se vio obligado a abandonar la iniciativa porque la reina no cumplió la promesa de financiación hecha en primer lugar. De vuelta en Irlanda, fue nombrado obispo de Cloyne (para la Iglesia irlandesa).

El pensamiento filosófico de Berkley se centra en el idealismo que contrasta fuertemente con la "Ilustración" que se asoma entre finales del siglo XVII y principios del XVIII. Berkeley rechaza el materialismo que degenera en escepticismo y ateísmo. Sobre los méritos compuso "Alcifrone", un diálogo polémico contra los librepensadores de la época.

Berkeley argumentó que los objetos existen solo como se perciben. Por lo tanto, si un árbol cae en un bosque donde nadie presencia la caída, no produce ningún ruido.

Desde el punto de vista de nuestro sentido común podríamos objetar que evidentemente la caída del árbol produce ciertamente un ruido, porque la rotura de las fibras leñosas y la colisión con las ramas de otros árboles provocan los desplazamientos de aire propios de las ondas sonoras.

Al parecer, sin embargo, la misma ciencia ha intervenido expresando una opinión favorable a Berkeley. De hecho, una de las revistas de divulgación científica más antiguas y prestigiosas, Scientific American, fundada por Rufus Porter en 1845, salió al campo en 1884 y demostró racionalmente que, de hecho, un árbol que cae no hace ruido, si no hay nadie que puede oír el ruido.

En la práctica, según la revista, es cierto que la caída produce vibraciones en el aire, pero estas solo se pueden detectar con un sistema auditivo que, a través de las partes internas del oído, puede traducirlas en sonidos. Por lo tanto, en ausencia de un sistema auditivo capaz de detectar ruido, este no existe. Explicación impecable.

De esta forma resolvemos una cuestión que a veces se atribuye erróneamente a la filosofía zen: si el árbol se cae cuando no hay nadie que lo oiga, no hace ruido.

Volviendo a Berkeley, para reforzar su tesis acuñó el dicho "Esse est percipi" (Ser significa ser percibido). Todo el ser de un objeto consiste en ser percibido y nada más. Es el resumen de su teoría inmaterialista, según la cual las cosas no son más que una serie de ideas, y comienzan a existir solo cuando se perciben.

Esta no es una revelación particularmente sorprendente para un físico cuántico. Como veremos, a nivel de partículas elementales, estas cambian su comportamiento si hay alguien que las observa, o no: además, dependiendo de cómo se observen, pueden cambiar la forma en la que aparecen.

Después de siglos de risitas irónicas, las teorías de Berkeley comienzan a adquirir una consistencia firmemente adherida a la realidad.

Del mismo tipo que el árbol que cae es un dilema más tecnológico: si encendemos una bombilla en una habitación vacía, donde nadie puede observarla, ¿emite luz? Normalmente respondería que sí; excepto que, la luz no es más que una percepción del sistema nervioso, por lo que si no hay ningún sistema en la habitación capaz de percibir la luz, es decir, un ojo, no hay luz. La luz comienza a existir cuando alguien puede verla: no tiene existencia propia, es solo la elaboración de un sistema visual. De hecho, al cerrar el interruptor, una forma de energía fluye y se convierte en otra forma de energía, que sin embargo no conocemos. Toma la apariencia de luz solo cuando alguien la observa.

Igualmente diríamos: ¿a qué sabe ese plato tentador que se ha servido? Nadie. La comida comenzará a saborear cuando la presente a su paladar. En sí mismo, el sabor es una cualidad que no tiene nada que ver con los alimentos que consume.

Llegados a este punto parece razonable preguntarnos si somos nosotros los que nos adaptamos a la realidad, o si no es la realidad la que se adapta a nosotros.

El universo existe porque lo miramos.

Volvamos al tema de la luz. Si es cierto que la bombilla de luz en una habitación cerrada no emite luz porque nadie puede verla, de la misma forma podemos decir que, si no estuviéramos ahí para mirar el universo, el universo estaría a oscuras. Las estrellas no brillarían, el sol mismo no emitiría luz, si no hubiera nadie que las mirara.

Para que el universo sea lo que parece, debe haber alguien para mirarlo. Sin ojos capaces de transformar en luz los fotones emitidos por las estrellas, el universo estaría a oscuras.

En el segundo versículo de la Biblia (Génesis 1, 2) el autor comienza el relato de la creación con estas palabras:

"Y Dios dijo:" Sea la luz ", y hubo luz. Y vio Dios que la luz era buena, y separó la luz de las tinieblas ..."

Dios vio que la luz era buena. Después de crearlo, al verlo admitió que era algo bueno. La luz se vuelve buena cuando Dios la ve. No solo eso, cuando Dios crea al hombre, lo crea "a imagen y semejanza de Dios". De esta manera, el hombre también puede ver la luz, de modo que la creación sigue siendo una "cosa buena" como es una "cosa vista".

La principal objeción a esto debería provenir de la teoría de la evolución, según la cual todos los seres vivos derivan de un único organismo ancestral del que se habría desarrollado toda la diversidad biológica actual, y para cada ser vivo se habrían desarrollado los órganos más adecuados. supervivencia. Todos los órganos (manos, piernas, cola, plumas, orejas, piel, etc.) serían el resultado de la mejora progresiva de órganos preexistentes, o en todo caso desarrollados por el antepasado ancestral.

Por tanto, una aleta puede transformarse en pata para acompañar el paso de los peces a los animales terrestres: es decir, un órgano desarrollado en una condición determinada como útil para sobrevivir en esa condición, puede evolucionar a un órgano diferente para ser útil en una condición diferente. . Esta teoría es creíble para casi todos los órganos, pero no para el ojo.

Las contradicciones evolutivas del ojo.

Si hay un problema que atormenta a los darwinistas, es precisamente el de la evolución del ojo. El propio Darwin, en su obra "El origen de las especies" afirma de hecho:

> "Suponer que el ojo, con todos sus mecanismos inimitables [...], pudo haber sido formado por medio de la selección natural, parece, lo confieso libremente, absurdo en el más alto grado".

El primer intento aparentemente eficaz de explicar el desarrollo gradualista del ojo se remonta a 1994: es el famoso trabajo de Nilsson y Pelger "Una estimación pesimista del tiempo necesario para que un ojo evolucione". Según estos estudiosos, el ojo evolucionó a partir de una capa inicial de células sensibles a la luz, gracias a las cuales el organismo primordial pudo dirigirse hacia la fuente de luz. Esto confirma, en cualquier caso, que la necesidad de ver ya era inherente al primer organismo.

Posteriormente, los procesos evolutivos habrían provocado el embolsado de estas células fotosensibles en una especie de pozo hemisférico; cuando la cabina se hizo lo suficientemente profunda, apareció un diafragma que se estrechaba en los bordes. Eventualmente, se habría formado un área más densa capaz de actuar como una lente en el hueco ya lleno de sustancia transparente.

Desafortunadamente, la cadena evolutiva descrita en estos pasajes no es de ninguna manera una evolución gradual y continua, y no corresponde a lo que deberían ser modificaciones sucesivas mínimas de la misma característica, ya que incluye la adición de otras estructuras orgánicas completamente independientes: un "proto -alumno "y un“ protocristalino ".

De hecho, el ojo no representa la evolución de un solo organismo primordial, sino que requiere la adición de partes diferentes y sofisticadas, como el cristalino, los músculos reguladores, las células sensoriales y las inervaciones. Un lente sin retina, así como una retina sin lente, no es funcional. Sin embargo, la retina y el cristalino no forman parte del mismo proceso evolutivo porque tienen diferentes cualidades de tejido que implican diferentes orígenes tanto en el desarrollo embriogenético como en la evolución.

Esto sin duda confirma que el ojo es producto de una convergencia evolutiva de distintas partes en una única función integrada: por tanto, si queremos hablar de aleatoriedad, sería una probabilidad elevada al enésimo grado.

En conclusión, es inconcebible que un dispositivo tan especializado como el ojo pudiera surgir de desarrollos aleatorios, todos inicialmente sin ventajas evolutivas específicas, que luego se integraron milagrosamente en la función visual.

Podemos imaginar el desarrollo de un ojo primordial, desprovisto de retina y cristalino, solo si lo entendemos como un paso obligado hacia una función futura: es decir, como parte de un proyecto que ya predijo cuál sería su uso en épocas posteriores. Ciertamente no una evolución ciega, sino un proyecto guiado y asistido por una inteligencia universal.

Cuando las cosas no son lo que parecen.

Un ser humano es parte de un todo que llamamos "universo", una parte limitada en el tiempo y el espacio. Se experimenta a sí mismo, a los pensamientos y sentimientos como algo separado del resto, en lo que es una especie de ilusión óptica de la conciencia. Esta ilusión es una especie de prisión que nos limita a nuestros deseos personales y afecto por las pocas personas más cercanas a nosotros. Nuestra tarea es liberarnos de esta prisión, ampliando nuestra compasión en centros concéntricos para abrazar a todas las criaturas vivientes y a toda la naturaleza en su belleza.

(Albert Einstein, físico, premio Nobel)

El extraño caso de los dos presidentes.

En los últimos tiempos está muy de moda, en la prensa de chismes, buscar las extrañas coincidencias que unen a las celebridades. En particular, la búsqueda de hechos, hechos y circunstancias que ven a Kate Middleton y Charlene de Mónaco como protagonistas se está volviendo loca.

Las coincidencias son numerosas, pero no parecen particularmente significativas. Por ejemplo, hay mucha evidencia de que tanto Kate como Charlene no tienen sangre azul. Ambos nacieron en enero, Kate el 9 y Charlene el 25. Aún así, en lo que respecta a las fechas, Kate y Charlene se casaron en 2011.

Desde un punto de vista más personal, las dos mujeres nobles son deportistas y les encanta asistir a cualquier tipo de competición, participando en diversas disciplinas. Además, ambos tienen que lidiar con dos suegras bastante "voluminosas", Lady Diana para Kate y Grace Kelly para Charlene.

Ciertamente, la narrativa de las coincidencias que unen a dos de los presidentes más famosos de Estados Unidos es más intrigante. Estamos hablando de John Fitgerald Kennedy (fig. 7) y Abraham Lincoln (fig. 8). Las coincidencias más relevantes están relacionadas con la modalidad de su muerte. De hecho, ambos presidentes fueron asesinados en circunstancias muy similares, Lincoln el 14 de abril de 1865 y Kennedy el 22 de noviembre de 1963. Estas son algunas de las coincidencias más conocidas con respecto a su asesinato:

- Ambos fueron asesinados el viernes, con un disparo en la cabeza.
- Ambos tenían a su esposa a su lado, que no fue golpeada.

Kennedy murió mientras estaba en una limusina Ford Lincoln Continental; Lincoln mientras asistía al espectáculo "Our American Cousins", en el Ford Theatre de Washington.

- En el momento del ataque, tanto Lincoln como Kennedy iban acompañados de una pareja: en ambos casos el hombre, que estaba al lado del presidente, resultó herido.

- Ambos asesinos (John Wilkes Booth para Lincoln y Lee Harvey Oswald para Kennedy) tenían tres nombres para un total de quince letras.

- Ambos asesinos murieron en circunstancias poco claras antes de ser juzgados; sin embargo, sus muertes ocurrieron aproximadamente a la misma hora que las víctimas, y ambas murieron por heridas de bala.

También hay coincidencias en cuanto a la vida privada o la carrera política.

- Ambos tenían apellidos de siete letras, y habían sido bautizados con el mismo nombre que sus respectivos abuelos. Además, ambos eran segundos hijos de sus propias familias.

- Ambos habían luchado en la guerra; Lincoln en la guerra de Black Hawk y Kennedy en la Segunda Guerra Mundial.

- Ambos perdieron un hijo durante su mandato presidencial. Lincoln perdió a William Wallace y Kennedy perdió a Patrick Buovier.

- En el momento de la muerte ambos tenían cuatro hijos.

- Ambos fueron elegidos por primera vez al Congreso en el 46 de su siglo; asimismo en 1956 fueron candidatos a la vicepresidencia, pero no resultaron electos porque su partido perdió las elecciones.

- Ambos se dedicaron a defender los derechos de la población negra, Lincoln en relación a la abolición de la esclavitud y Kennedy en la promoción de los derechos civiles.

- Ambos fueron sucedidos por un vicepresidente llamado Johnson: Andrew Johnson por Lincoln y Lyndon Johnson por Kennedy.

Figura 7 - Una increíble serie de coincidencias vincula a dos de los presidentes más famosos de los Estados Unidos, Abraham Lincoln y John Fitgerald Kennedy, ambos víctimas de atentados.

Figura 8: Abraham Lincoln, víctima de un ataque el 14 de abril de 1865. Muchas circunstancias de su vida y muerte coinciden increíblemente con otras similares que involucran al presidente John Kennedy.

Si eso aún no es suficiente, aquellos que quieran pueden encontrar cientos de otras coincidencias que conectan la vida de los dos presidentes, consultando el sitio web (en inglés): https://www.near-death.com/

Las explicaciones de los escépticos.

Mientras la mitad del mundo se esmera en estudiar casos como estos para agregar otras coincidencias a la lista, la otra mitad hace todo lo posible para demostrar que algunas de las coincidencias presentadas serían falsas y trataría de negarlo todo con alguna inexactitud.

Luego hay algunas objeciones generales que son buenas para cada ocasión, como que no es tan difícil encontrar coincidencias entre dos hechos elegidos al azar, si vas a examinar todos los detalles.

De acuerdo con la ley de los grandes números, si evalúas en detalle la vida y obra de dos personajes famosos, no es difícil construir una lista de coincidencias. Si, por ejemplo, nos referimos a Masaniello y al General Lamarmora, es probable que a ambos les gustara la pizza napolitana y ambos llevaran el 44 en el pie, pero no sé qué otras coincidencias realmente significativas podrían encontrarse.

El engaño de los sentidos.

Pero, ¿por qué la ciencia ofrece tanta resistencia a lo paranormal? De hecho, la ciencia occidental lleva varios siglos de su vida sin creerlo, y hoy, cuando comienzan a aparecer grietas en esta certeza de granito, se deja llevar por la costumbre. De hecho, es difícil renunciar a las comodidades, a las posiciones establecidas, a las carreras construidas sobre la afirmación del materialismo.

Es más, nosotros mismos, que somos el agua sobre la que se desliza el barco de la ciencia, somos tan adictos a estas posturas que las damos por supuestas, a pesar de que cada día tengamos que lidiar con lo paranormal o con percepciones extrasensoriales. Ahora estamos acostumbrados a creer solo en lo que se puede tocar, pesar y medir, por lo que ni siquiera la evidencia es capaz de erradicar los dogmas del materialismo de nuestra mentalidad.

En el ansia de dar importancia solo a lo tangible (quizás porque solo la materia se puede monetizar) olvidamos que, en la mayoría de los casos, las cosas más importantes no se pueden tener en la mano para convertirlas en dinero.

La principal fuente de nuestro bienestar son los pensamientos, los estados de ánimo positivos, los sentimientos y todas aquellas actividades relacionadas con el espíritu o la psiquis que sean capaces de dar un profundo sentido y motivación a nuestra existencia o, por el contrario, consigan hacerla parecer inútil. sin futuro.

Los hechos que suceden a nuestro alrededor están moldeados por nuestra forma de interpretarlos, por nuestro optimismo o nuestro pesimismo, por nuestro gradiente de confianza y esperanza o por el de desesperación. No existe una realidad objetiva a nuestro alrededor, las cosas no son así en ningún caso, sino que cambian según nuestra interpretación, es decir, a través del filtro de nuestra conciencia y nuestra razón.

En este sentido, lo que percibimos con los cinco sentidos, que es la realidad sensorial, es siempre el resultado de un procesamiento extrasensorial.

Decir que las capacidades extrasensoriales no existen es como considerarnos veletas expuestas a todo viento que pasa, sin posibilidad de resistencia.

En cambio, gracias a las habilidades extrasensoriales que no se pueden medir ni pesar pero que ciertamente las hay, como el coraje, una visión optimista del futuro, la conciencia de que la vida se compone de altibajos y cada bajo es siempre naturalmente seguido por un alto , la confianza en nosotros mismos y quizás también en el prójimo, la misericordia y la bondad, por lo tanto la capacidad de ayudar y ser ayudado, todo esto hace que los ejes de nuestras veletas sean sólidos como rocas. Cualquier viento puede soplar tan fuerte como quiera, sin poder jamás erradicar estas creencias.

Lo que percibimos con nuestros cinco sentidos, en los momentos de tormenta y en los de calma, es siempre una verdad mediatizada y medable.

Esto es válido no sólo a nivel psicológico, sino también a nivel práctico. Nuestros sentidos que nos parecen tan perfectos están diseñados para el máximo ahorro. Solo sirven para darnos la ayuda necesaria para movernos y operar en el entorno sin sufrir daños.

Por ejemplo, nuestro oído es capaz de captar sonidos muy bajos (alrededor de 30 Hertz de frecuencia) hasta sonidos muy agudos, alrededor de 10-15 000 Hertz de frecuencia. Sin embargo, existe una infinita variedad de sonidos, fuera de este rango. Lamentablemente, nuestros oídos no saben cómo percibir estos sonidos. Por ejemplo, la ecografía, comúnmente escuchada por muchas de nuestras mascotas. ¿Por qué solo escuchamos frecuencias de 30 a 15.000 Hertz, y no más altas o más bajas? Simples, porque no serían útiles para nuestra supervivencia.

Las frecuencias audibles más bajas pueden señalar el rugido de una avalancha que se aproxima y las más altas pueden señalar el silbido de una serpiente. No necesitamos nada más para sobrevivir.

Obligados por los límites del oído, colocamos toda la divinidad de un arte como la música en este rango de frecuencias, y ni siquiera imaginamos qué sinfonías se podrían componer (pero sobre todo escuchar) si el rango fuera más amplio. Para nosotros toda la música está confinada a la miserable estrechez de lo que perciben nuestros oídos, de 30 a 15.000 hercios. Ni siquiera concebimos la existencia de armonías increíblemente más elaboradas y atractivas. Para nosotros, no puede haber otra música que la que nuestros oídos puedan escuchar.

No creemos que haya un concierto del bosque que crece, un minué de la flor que se abre, o la sinfonía lúgubre de una roca que gime durante años cuando está a punto de desprenderse de la ladera de la montaña.

Para compensar estas deficiencias, agregamos bandas sonoras falsas a las películas sobre la naturaleza, adecuadas para nuestro rango de audibilidad. Obviamente, estos no son los sonidos reales.

Y cuando nos hablan de chamanes que son capaces de viajar a estos mundos y escuchar estos sonidos, estas voces ocultas de la naturaleza, no nos lo creemos y pensamos que los que nos lo cuentan están locos.

Nuestros sentidos no están hechos para acercarnos al universo sino, mucho más prosaicamente, para evitar que nos golpeemos los dedos de los pies cuando caminamos o que nos metamos comida caliente en la boca cuando comemos o que nos peleemos con alguna pequeña criatura demasiado colorida o demasiado espinoso para no ser venenoso.

Nuestros sentidos siguen siendo los del hombre de Neanderthal, mientras que ahora hemos evolucionado mucho más allá de la etapa Sapiens sapiens. Ahora somos Homo ciberneticus, pero solo culturalmente. Necesitamos desarrollar nuevos sentidos, adecuados a nuestra nueva etapa evolutiva.

Objetividad y subjetividad.

Lo que creemos determina la calidad de nuestra vida.

Podemos elegir entre objetividad y subjetividad.

La objetividad implica necesariamente nuestra incapacidad para intervenir sobre las cosas que nos rodean. Las cosas son así, punto final, nos guste o no. Desde el punto de vista objetivo, todo se forma y sucede externamente a nosotros y nos involucra sin posibilidad de escape. Somos juguetes mecánicos que van repitiendo la tarea programada marchando y tocando el pandero tanto bajo el sol como bajo la lluvia, mientras el sol inevitablemente apaga nuestros colores y la lluvia oxida nuestros engranajes.

Por el contrario, la subjetividad nos permite comprender y aceptar las cosas al mediarlas, es una red que tejemos ya través de la cual filtramos la realidad. La subjetividad proporciona herramientas poderosas y efectivas para contrarrestar o apoyar lo que la vida nos ofrece.

Enfrentar la vida desde un punto de vista subjetivo significa liberarse de las imposiciones de un destino masificador y construir un destino personal, mediatizado, teñido de oportunidades diferentes para cada uno.

Una vida vivida subjetivamente ya no es mensurable y ponderable en el laboratorio, porque las medidas estándar ya no son válidas; cada uno establece sus propios valores que por lo tanto escapan a la verificación de observadores externos. Ya no son comprobables en el laboratorio, pero son reales para cada uno en su corazón, en su sangre, en su vientre, en su piel y sobre todo en su alma.

El amor, la fidelidad, la generosidad, la amistad, la confianza en uno mismo y en los demás son realidades no objetivas sobre las que modelamos nuestra vida.

Por tanto, existe una realidad que va mucho más allá de los cinco sentidos, y que nos permite salir de las dimensiones de las máquinas para convertirnos en seres humanos, tal como somos.

La victoria de la subjetividad representa la derrota del materialismo y la reducción de los cinco sentidos que ya no son indicadores de la verdad absoluta, sino simples ayudas útiles para ubicar nuestra existencia en el universo sensible. En este universo, el de la física newtoniana, basado en las tres dimensiones clásicas más el tiempo, los cinco sentidos nos asisten de manera verdaderamente ejemplar. Sin embargo, cuando consideramos la existencia de universos psíquicos, libres de materia, donde prevalecen distintas percepciones relacionadas con el pensamiento y el alma, entonces nos damos cuenta de que los cinco sentidos ya no nos ayudan, al contrario, muchas veces nos engañan.

En los últimos siglos, el materialismo ha confiado a los cinco sentidos la tarea de representar absolutamente todas las experiencias humanas posibles. En verdad, la misma ciencia materialista se ha encontrado en dificultades frente a lo que ahora llamamos fenómenos relacionados con la materia, como el magnetismo y la electricidad.

Uno de los sentidos más engañosos, cuando queremos utilizarlo para fines distintos a los que fue desarrollado, es decir, la supervivencia, es la vista. La vista procesa objetos y seres vivos como formas, que se memorizan para permitirnos reconocerlos en encuentros posteriores. Esta no es una memorización precisa, porque somos capaces de reconocer el rostro de una persona incluso cuando sus caracteres han cambiado mucho, después de decenas de años. Por el contrario, recordamos con gran dificultad qué panorama había al fondo o qué coches y qué personas pasaban por la carretera detrás de ella. Sin embargo, hemos "visto" todo.

Psicología de la forma.

Entre los siglos XIX y XX, la psicología experimental dedicó mucha energía a investigar los mecanismos a través de los cuales nos relacionamos con la realidad externa.

La base de la investigación partía normalmente de la consideración de que todo lo que percibimos con los sentidos no asume la misma importancia en la elaboración que hacemos. Al escuchar una conversación, normalmente la "filtramos" de todos los ruidos de fondo. Al observar una escena nos enfocamos en el hecho esencial mientras descuidamos los contornos..

En otras palabras, somos capaces de asignar una jerarquía a los eventos observados, es decir, establecer qué nos interesa y qué no, para fortalecer la comprensión de solo una parte de la imagen observada y descuidar el resto.

Nuestra percepción de lo que sucede a nuestro alrededor nunca es la reproducción exacta de la realidad. Esto quiere decir que nuestro conocimiento del mundo nunca llega a ser integral, porque no registramos fielmente en la mente todo lo que sucede, sino sólo lo que nos interesa.

Todos los estímulos percibidos se dividen inmediatamente en "interesantes" o no, por lo que la mayoría de ellos se descartan y se pierden para siempre..

La imagen de Rubin, propuesta en la figura 9, puede interpretarse de dos formas. Es posible ver, en el centro, la forma de una copa, o, a los lados, dos perfiles humanos. A través de una rápida observación nuestros sentidos registran uno de los dos significados, pero ¿será el que corresponde a la realidad?

Figura 9 - La figura de Rubin reproducida arriba puede tener dos significados distintos, según la interpretación subjetiva del observador.

¿Cuántos otros marcos “equívocos” percibimos con la mirada desde la realidad que nos rodea?

La pregunta es: ¿quién decide lo que nos interesa, y quién decide qué descartar y qué, por el contrario, conservar?

Con referencia a estos aspectos de la percepción humana, algunos investigadores como el psicólogo checo Max Wertheimer y los alemanes Wolfgang Köhler y Kurt Koffka iniciaron una línea de estudios a la que dieron el nombre de Psicología de la Forma (Gestaltpsychologie, o Psicología de la Gestalt).

Estos estudios tenían como objetivo comprender los principios según los cuales algunos elementos percibidos se unen para componer una "forma" que emerge en el fondo, ignorando otros elementos que, aunque presentes en la percepción, se consideran irrelevantes, como si ellos mismos no fueran parte. de lo percibido.

Koffka argumentó que hay cosas y "no-cosas": las cosas se sitúan en un escenario de "no-cosas". La imagen de la Mona Lisa emerge en el contexto de un paisaje que en su mayoría es de interés solo para los críticos de arte. En cambio, millones de personas que han observado la pintura, después de cierto período recuerdan vagamente la presencia de un puente (¿o es una torre?). Por lo general, nadie recuerda exactamente cuántos cipreses se ven en el fondo.

En realidad, el hábito de relacionarnos con el mundo exterior a través de los cinco sentidos nos lleva a transformar toda la realidad en cosas: no es por nada que ante un objeto o un hecho que no entendemos solemos decir en el de la misma manera: *¿Qué es esto?*

Para ser aceptadas por nuestros sentidos, las cosas deben tener medidas y peso, y deben estar adecuadamente ubicadas en relación con las otras cosas que las rodean. Una silla colocada al lado de una mesa de centro es algo que no nos preocupa, como podría pasar si la silla apareciera y desapareciera o girara en el aire.

Esto es cierto siempre que observemos la escena analizándola minuciosamente en detalle, es decir, imponiéndonos un análisis completo de la situación.

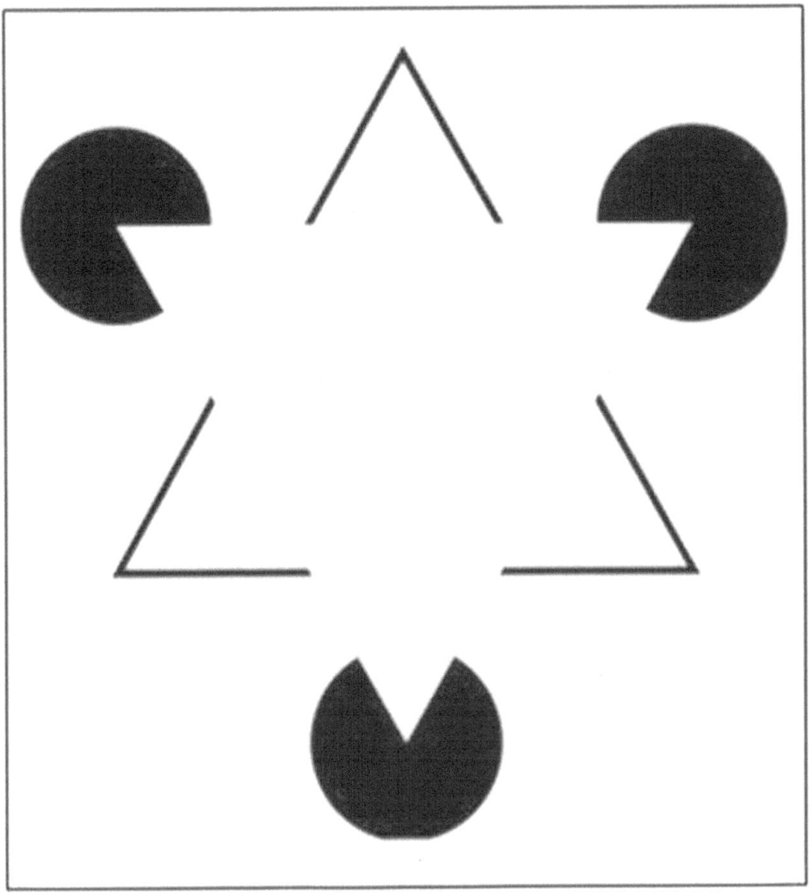

Figura 10 - En la figura de Kanizsa representada arriba, un triángulo blanco es claramente visible en el centro. Esto, sin embargo, no está dibujado de ninguna manera y solo puede imaginarse considerando la complejidad del diseño.

Este no es normalmente el caso. Nuestros sentidos son mucho más apresurados, y así debe ser ya que las escenas son como ríos que fluyen, pueden cambiar en el orden de fracciones de segundo.

Por lo tanto, los sentidos nunca analizan completamente toda la situación sino que extraen sólo los elementos esenciales y esto, en la mayoría de los casos, es engañoso además de arbitrario.

Un ejemplo muy citado es el de la distribución de trece cartas en un juego de Scala 40. Si un jugador recibiera las trece cartas de corazones, desde el As hasta el Rey, gritaría ante el casi milagro. De hecho, solo hay una probabilidad entre 635 mil millones de que un jugador reciba trece cartas del mismo palo. Pero si lo pensamos bien, cualquier combinación de trece cartas solo puede ocurrir una vez en 635 mil millones de veces, por lo que cualquier reparto de cartas es un pequeño milagro.

El hecho de que un jugador reciba trece cartas del mismo palo nos resulta significativo y sorprendente, pero en realidad es un hecho absolutamente normal. Sólo nosotros atribuimos un sentido extraordinario a un hecho que, en sí mismo, es absolutamente ordinario.

Para la psicología de la Gestalt, tal evento no es significativo porque sea estadísticamente raro, sino porque se destaca fuertemente en el contexto de miles de otras distribuciones de cartas menos lineales.

Ejemplos bien conocidos están representados por las figuras de Kanizsa.

Gaetano Kanizsa, nacido en Trieste en 1913 y fallecido en la misma ciudad en 1993, fue un psicólogo y pintor italiano. El padre era judío húngaro, la madre católica eslovena. Después de la secundaria se matriculó en la facultad de filosofía de la Universidad de Padua, donde Cesare Musatti lo introdujo en la psicología. Golpeado por las leyes raciales, fue privado de la ciudadanía italiana. Tras el armisticio de Cassibile huyó a Roma, donde consiguió un puesto como investigador en el Instituto de Psicología del CNR.

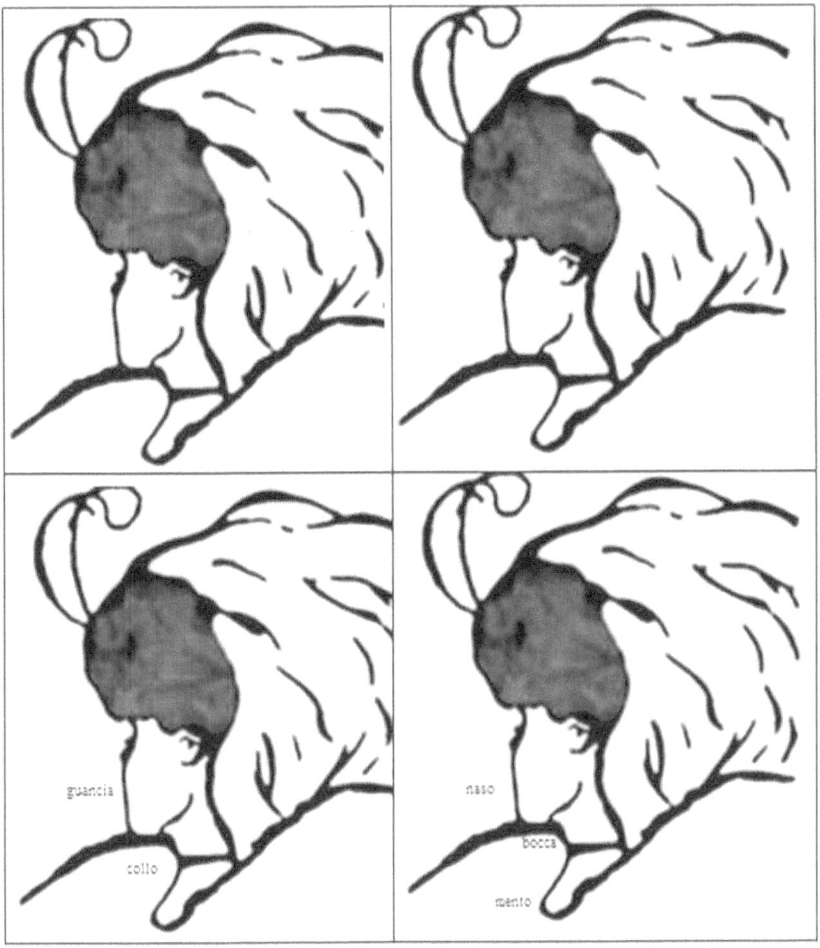

Figura 11 - Esta figura es más difícil de descifrar y muestra el rostro de una mujer joven o, alternativamente, el perfil de una anciana.

La figura 10 muestra claramente un triángulo blanco. Esto, sin embargo, no está dibujado de ninguna manera y solo puede imaginarse considerando la complejidad del diseño. Aunque no está, llama mucho más la atención que las otras figuras geométricas. No solo eso, su interior parece "más blanco" que el blanco que contiene el resto de la imagen. La imagen confirma que nuestros sentidos son capaces de hacernos ver cosas que no existen.

La figura 11 es más difícil de descifrar y muestra el rostro de una mujer joven o, alternativamente, el perfil de una anciana. Es muy difícil captar ambos significados, si no se conoce su existencia. Pero nuestros sentidos no están programados para analizar con precisión el constante bombardeo de estímulos que reciben. Por tanto, los sentidos registrarán uno de los dos significados de la figura, ignorando la existencia del otro. Pero, ¿estamos seguros de que registrarán el que más se corresponda con la realidad? En el 50% de los casos, ante una representación de este tipo, nuestros sentidos nos engañarán. Probablemente registrarán el sentido más cercano a lo que esperaríamos, es decir, serán "conformes" con nuestro bagaje cultural adquirido. Esto significa que, normalmente, cualquier estímulo intelectual se dejará de lado en favor de la preservación y fortalecimiento de lo existente.

Una suposición de la psicología de la Gestalt es que nuestros sentidos perciben y organizan las percepciones a lo largo de algunas líneas privilegiadas, misteriosas pero sólidamente operativas.

Los estudios de Koffka han identificado principios organizativos de las percepciones.

Entre estos los principales son la semejanza, la simetría, la proximidad o distancia, y otros.

Por ejemplo, una serie de pitidos en secuencia rápida se interpreta como una señal de peligro; dos perros pastores en un rebaño de ovejas se identifican como una pareja distinta del resto de las figuras; una serie de tres puntos negros próximos entre sí, más otros tres próximos entre sí pero ligeramente distantes del primero, no se interpreta como un conjunto de seis puntos sino como dos conjuntos de tres.

Un principio particularmente interesante es el de la proximidad temporal. Tendemos a organizar las percepciones y señales que recibimos del exterior también según la conexión temporal que las une. Otro criterio importante es el significado. Hay percepciones que saltan a nuestros ojos como faros en la noche, por cómo se distribuyen en el tiempo y por el sentido, el significado que nos inspiran.

Pero aquí entramos en otro campo, el de las coincidencias significativas.

Coincidencias, inconsciente colectivo, sincronicidad.

"Lo que sabemos de nosotros es solo una parte,
y quizás una parte muy pequeña de lo que somos sin nuestro conocimiento".
(Luigi Pirandello, dramaturgo, escritor y poeta italiano)

Más potente que los ordenadores más potentes.

En el capítulo anterior vimos cómo nuestros sentidos escanean una inmensa cantidad de datos, que no llegan a nuestra conciencia tal como son detectados. Los datos son procesados de acuerdo con procedimientos capaces de extraer de la masa aquellos de mayor interés para nosotros. Posteriormente, los datos de interés se almacenan según esquemas con un alto contenido simbólico. Esto nos permite reconocer un rostro muchos años después de haber sido visto por última vez. En la práctica, no memorizamos la cara tal como es, sino una forma de la cara, unas referencias que, después de años, se remontan al original.

Es como si un software particular, residente en nuestra conciencia, manipulara la realidad desnuda y cruda tal como se presenta a los sentidos, transformándola en formas o conceptos absolutamente flexibles, adaptables y reutilizables según las necesidades. Esto le permite clasificar como "silla" cualquier objeto con una o más patas y una superficie horizontal adecuada para acomodar la parte inferior de la espalda.

El reconocimiento de olores es una función extremadamente poderosa. Después de décadas, podemos reconocer uno e inmediatamente reconstruir la escena en la que lo percibimos por primera vez. Por ejemplo, el olor de las algas varadas nos remite inmediatamente a un viaje escolar realizado por unos chicos a un pueblo costero.

El reconocimiento facial es una de las funciones privilegiadas de nuestro software personal. Sea cual sea el extraño panorama que se nos presenta, inmediatamente podemos identificar la posible forma de un rostro en la disposición de objetos y elementos. Reconocemos fácilmente los rostros en las formaciones de nubes, o en los espolones rocosos o incluso en las manchas de humedad presentes en las antiguas murallas.

En la práctica, cada estímulo que proviene directamente de los sentidos es procesado por el software que reside en nuestra conciencia y se transforma de tal manera que sea utilizable en situaciones posteriores; es por tanto un software de aprendizaje y memorización, cuya característica principal es estar equipado con un potente algoritmo de recuperación.

En los primeros días de la informática, todos los estudiantes que deseaban escribir pequeños programas se enfrentaban al problema de almacenar y recuperar datos. Por ejemplo, queriendo escribir un pequeño programa capaz de indicar la capital de una nación, el estudiante creó un archivo de dos columnas que contenía los pares nación-capital (Italia - Roma, Francia - París, España - Madrid, etc.).

Al proporcionarle a la computadora el nombre del país (España), la máquina escaneó todo el archivo hasta que encontró la pareja que contenía España e imprimió el resultado en la pantalla: Madrid.

Este era el llamado acceso secuencial, y podía funcionar siempre que los pares de datos no excedieran unos pocos miles, después de lo cual el sistema se volvía demasiado lento para ser realmente útil.

Hoy vivimos en la era de los motores de búsqueda, capaces de examinar miles de millones de datos. Obviamente, la búsqueda ya no es secuencial. Los buscadores cuentan con algoritmos altamente sofisticados capaces de extraer información en tiempos del orden de milisegundos.

Puede escribir "enredo" en la línea de búsqueda de Google y verá que en 0,36 segundos indicará la presencia de unos 9.700.000 resultados (búsqueda a mayo de 2018).

Bueno, mucho antes de que el hombre desarrollara estos algoritmos, algo similar, si no más sofisticado, ya estaba presente en la mente humana. Nuestros algoritmos mentales son capaces de extraer información útil para nuestra vida diaria en milisegundos a partir de una masa de miles de millones de megas adquirida a lo largo de los años por nuestros sentidos. Pero no se limitarán a señalar cuántas referencias existen: inmediatamente seleccionarán las más útiles para nosotros en ese momento.

Es una organización maravillosa y sorprendentemente eficaz. ¿Será posible que esto no sea más que el fruto de varios intentos, fracasos y nuevos intentos de evolución, como quisieran sustentar las tesis materialistas? Las dudas son legítimas.

¿Solo funciona con estímulos simples?

En este punto debemos preguntarnos si nuestro software funciona sólo como lo hemos visto hasta ahora, procesando sin nuestro conocimiento los estímulos recibidos de los sentidos, descartando o eligiendo según misteriosos criterios las formas interesantes de guardar y gestionar esta cantidad de datos sin cualquier intervención de nuestra parte. O si no podemos hipotetizar la posibilidad de nuestra participación activa.

Tenemos que partir de una suposición. Si nuestro software es capaz de discernir qué puede ser útil y qué no, necesariamente debe estar dotado no solo de inteligencia, sino también de capacidad de discernimiento. Es decir, debe saber lo que nos será útil en el futuro, por lo tanto debe tener una visión de nuestra existencia que vaya más allá de la experiencia del pasado y del presente, sino que también se extienda hacia el futuro, en aquellas circunstancias y ocasiones que aún no se han realizado, pero son precisamente aquellas para las que construye las formas y las archiva.

Es decir, las elaboraciones de nuestro software nos servirán en el futuro. Por lo tanto, nuestro software debe conocer nuestro futuro para poder procesar la información actual de manera útil.

Si esto es cierto, y ciertamente lo es, entonces podemos abandonar el concepto de software, porque el software no es más que un programa construido para realizar ciertas acciones. Tan inteligente como puede ser el software, nunca será más inteligente que el programador que lo creó.

Un software capaz de conocer el pasado y el futuro va más allá de las capacidades humanas. Lo que opera en nuestras conciencias no es un software inteligente, ni un software desarrollado por casualidad en el curso de las vicisitudes evolutivas de la especie. Es una Inteligencia, o más bien una Sabiduría preexistente, que podemos definir como Inteligencia Universal.

La Inteligencia Universal conoce nuestro pasado, presente y futuro porque existe en una dimensión diferente a aquella en la que estamos acostumbrados a vivir, hecha de materia sujeta a las reglas de la física newtoniana (gravedad, tiempo, etc.).

El nivel de Inteligencia Universal debe ser puramente psíquico; es un nivel compuesto de energía e información, en el que la materia está ausente.

¿Es posible que exista tal nivel? Desde luego que sí, como veremos en los siguientes capítulos. La física cuántica ha revelado y confirmado experimentalmente la existencia de este nivel.

Ciertamente la física cuántica no ha confirmado en modo alguno la existencia de una Inteligencia Universal, pero nos gusta imaginar que la hay, de lo contrario no podríamos explicar de ningún modo toda una serie de fenómenos, incluyendo lo ya dicho sobre el almacenamiento inteligente de formas. reelaborado a partir de las percepciones en bruto de nuestros sentidos.

La peculiaridad de esta Inteligencia es su capacidad para establecer una especie de interactividad con nuestras conciencias. Además del papel prácticamente automático de construir y memorizar las formas útiles para nuestra supervivencia, la Inteligencia construye formas de dirección de la vida. Además, la Inteligencia Universal construye propuestas encaminadas al cambio, a la corrección, muchas veces simplemente a mejorar nuestras relaciones con la realidad. Estas propuestas son formas de comunicación que han sido estudiadas durante décadas por el psicólogo suizo Carl Jung. Él las ha llamado *coincidencias significativas o sincronicidade*s.

Los principios de organización de nuestras percepciones, gestionados por lo que hemos denominado Inteligencia Universal, no se aplican sólo a la realidad percibida momento a momento, entendida como una sucesión de fenómenos distintos, sino también a la percepción de hechos, fenómenos y coincidencias que normalmente podrían aparecen desprovistos de cualquier relación o conexión entre ellos. A veces estas percepciones. emergen de manera totalmente espontánea, en nuestra conciencia vemos emerger conexiones lógicas e intuiciones que dan sentido a estas coincidencias y las hacen significativas para nuestro entendimiento.

Podemos decir que la Inteligencia nos construye sincronicidades y nos permite comprender el mensaje que allí se esconde. Esto es posible cuando apreciamos la posibilidad y la presencia de sincronicidades, evitando considerar simples casos fortuitos.

El reloj que se detiene en el momento de la muerte de su dueño constituye una coincidencia significativa, por la contemporaneidad de los dos hechos; este no habría sido el caso si el reloj se hubiera detenido dos días después o antes.

Asimismo, un encuentro con un conocido del pasado, después de haberlo soñado la noche anterior, se considera una coincidencia significativa.

Carl Gustav Jung

Carl Gustav Jung fue una de las principales figuras intelectuales del pensamiento psicológico y psicoanalítico, psiquiatra, psicoanalista, antropólogo y filósofo suizo (fig. 12).

Nació el 26 de julio de 1875 en Kesswil, Suiza, de Paul Achilles Jung, un teólogo y pastor protestante, y de Emilie Preiswerk. Se licenció en medicina y en 1900 ingresó en el hospital psiquiátrico de Zúrich.

Inicialmente se acercó al pensamiento de Sigmund Freud, coincidiendo con sus interpretaciones de los fenómenos psíquicos. Los dos se conocieron en Viena en 1907, y en esa ocasión hablaron durante trece horas.

A raíz de esta colaboración Jung comenzó a ser llamado el "delfín" del psicoanálisis, y se esperaba que fuera el sucesor de Freud al frente del movimiento psicoanalítico.

Disensión y ruptura con Sigmund Freud.

En cambio, después de solo un par de años, aparecieron los primeros signos de sus desacuerdos, lo que daría lugar a las dos principales orientaciones históricas del psicoanálisis, entendido por Freud como terapia y por Jung como una forma de conocer la psique.

Esta doble visión se afianzó rápidamente, tanto que, ya en 1909, la Universidad de Clark, habiendo planificado un ciclo de conferencias en Estados Unidos, los invitó a ambos.

Durante el viaje en barco, los dos científicos decidieron practicar analizando los sueños del otro. Jung, sin embargo, no quedó satisfecho con la colaboración de Freud porque, en su opinión, mantuvo una actitud de reticencia, tratando de ocultar algunos aspectos de su vida privada que en cambio hubieran sido indispensables para un mejor análisis.

Cuando expresó esta perplejidad, Freud no negó sino que afirmó que la razón de su reticencia residía en el hecho de que no podía revelar aspectos de su propia personalidad que pusieran en peligro su autoridad. A partir de este episodio, la estima de Jung por Freud comenzó a desvanecerse y también su aprecio por sus teorías.

A esto se sumaba la acentuación de un atormentado itinerario de diferenciación conceptual, que alcanzó su punto álgido cuando, en 1912, Jung decidió publicar su obra (Libido. Símbolos y transformaciones) en la que exponía todas sus disensiones teóricas.

En este libro manifiesta su orientación, encaminada a extender la investigación analítica desde el relato del individuo al conjunto de la humanidad: en efecto, según Jung, además de un inconsciente individual existe un inconsciente colectivo, que manifiesta su presencia y Actúa a través de arquetipos.

En esta visión, la vida del individuo se convierte en un camino a través del cual se realiza la realización del yo personal. Jung llama a esto el proceso de descubrimiento.

Tras la publicación de este libro, sus relaciones con Freud se rompieron. Sobre el pensamiento de Freud dijo: “El cerebro es visto como un apéndice de los genitales."

En cuanto al contenido de las dos interpretaciones, y su diferenciación, podemos considerar que Jung compartió inicialmente con Freud la hipótesis relativa a la enfermedad mental. Según estas hipótesis, la comprensión de las enfermedades requiere el conocimiento de la historia individual del paciente y de los "procesos de represión" relacionados con contenidos de carácter exclusivamente sexual.

Figura 12 - Carl Gustav Jung. Su pensamiento postula que, además de un "inconsciente individual", existe un "inconsciente colectivo" que se expresa a través de arquetipos. La vida del individuo es vista como un camino, llamado "proceso de individuación".

Más tarde, sin embargo, Jung formuló la hipótesis de que los fenómenos de la psique no son los descritos por Freud. Según la nueva teoría de Jung, esos fenómenos eran manifestaciones de una energía presente en la naturaleza, la libido.

Libido y símbolos.

La libido es una especie de impulso vital, una pulsión que dinámicamente apunta a la vida y conservación de la especie.

Por tanto, en la terapia psicológica no es necesario tener presente únicamente el componente biológico. Este sería un enfoque pesimista. Por el contrario, también es necesario tener en cuenta el componente espiritual. Este componente le otorga al individuo una tensión saludable encaminada a lograr la mejoría.

Según Jung, los impulsos de la libido también pueden desviarse hacia conceptos y ambiciones intangibles y, por lo tanto, pueden generar una evolución espiritual. La enfermedad psíquica se produce cuando se bloquea este proceso evolutivo; bajo estas condiciones surgen las neurosis. La libido funciona produciendo símbolos. Gracias a esto, el hombre primitivo pudo trasladar los impulsos inmediatos dirigiéndolos hacia la creatividad, iniciando así la transición del nivel instintivo animal al cultural.

Los símbolos de la libido tienen contenidos que van más allá de la conciencia individual y pueden ayudar a transformar la naturaleza del hombre.

Algunos de estos símbolos son universales, comunes y compartidos por todos los individuos. Jung los llama arquetipos, término derivado del griego. El significado de "arquetipo" puede hacerse más comprensible si lo definimos como "imágenes originales", "modelos", "imágenes virtuales", "representaciones posibles".

Los arquetipos corresponden a las experiencias maduradas por la humanidad a lo largo de su historia evolutiva a medida que desarrollaba la conciencia. Son la memoria de la humanidad, y están encerrados en un espacio que Jung llama el "inconsciente colectivo". Este inconsciente es colectivo porque no es individual sino compartido, accesible por toda la humanidad y por cada uno de los seres humanos.

Figura 13: Wolfgang Pauli, un estudiante muy joven en el Döblinger Gymnasium de Viena. Conoció a Jung para un tratamiento terapéutico que pronto resultó en una sólida amistad y un intercambio de cartas de un cuarto de siglo.

Los arquetipos que residen en el inconsciente colectivo tienen el poder de intervenir en la vida de los individuos generando episodios que Jung llama sincronicidad.

En la construcción de esta teoría Carl Jung contó con el apoyo cultural y moral del famoso premio Nobel de física Wolfgang Pauli, (Fig. 13) quien lo animó a expresar sus conclusiones a pesar de que Jung dudó durante años en hacerlo. Pauli persuadió a Jung para que publicaran conjuntamente, en 1952, un libro que contenía la teoría de la sincronicidad en forma de ensayo titulado "Synchronicity as a Principle of Acasual Connections".

Il simbolo

El carácter simbólico de los arquetipos produce como consecuencia que incluso las sincronicidades generadas por ellos tengan aspectos simbólicos.

Esto está respaldado por la experiencia, y algunos analistas junguianos no dudan en definir las sincronicidades como "ensueños".

De hecho, los sueños son absolutamente independientes de nuestra voluntad y difícilmente podríamos intervenir para impulsarlos en nuestra vida ordinaria. Asimismo, las sincronicidades son eventos únicos que surgen en nuestras vidas despertando asombro y asombro. Los sncronicitò siempre están rodeados de un aura de misterio debido a su forma simbólica.

Las extrañas coincidencias de las que a veces somos protagonistas también tienen un valor simbólico, pero su repetición puede orientarnos hacia el desciframiento del símbolo y la comprensión del mensaje. Cuando esto sucede, sigue procedimientos misteriosos. A veces sucede: nuestra conciencia simplemente despliega el significado del símbolo ante nuestros ojos, aunque no podemos reconstruir el procedimiento según el cual esto podría haber sucedido.

De acuerdo con el significado común, el símbolo es algo que está en el lugar de otra cosa. La mayoría de las veces se nos escapa el significado oculto del símbolo. Por más que parezcamos tenerlo "en la punta de la lengua", zumba a nuestro alrededor sin que podamos captarlo.

En este sentido, el símbolo genera una tensión entre lo que aparece y lo que se escapa, contiene una parte de lo conocido y una parte de lo desconocido. Representa un desafío para la conciencia que sufre en la inquietud de un problema sin resolver, una pregunta sin respuesta, un peón que no tiene lugar.

No es imposible ganar el desafío. De hecho, las sincronicidades tienen la función de hacer conscientes los mensajes provenientes del inconsciente colectivo a través de nuestro inconsciente individual.

Un mensaje misterioso brota del inconsciente colectivo, escrito en un lenguaje y con símbolos construidos sobre la evolución experimentada por toda la humanidad y por lo tanto indescifrable al máximo para la visión que permite nuestra extremadamente limitada experiencia. Digamos que nuestra conciencia no tiene ojos lo suficientemente grandes para poder visualizar y comprender el significado total del mensaje.

Cuando pasa por nuestro inconsciente individual, el mensaje trata de hacerse comprensible a nuestra conciencia.

Mediado por el inconsciente individual, el símbolo se viste con cosas que han pasado y que ya no recordamos, o que queremos olvidar; hurga en un almacén de ruinas y fragmentos de edificios destruidos que, sin embargo, nos resultaron familiares en un momento determinado, y los utiliza para expresarse más de cerca a nuestra experiencia. Mientras conserva su cripticidad, se vuelve más descifrable.

Si no estuviera conectado con el inconsciente colectivo, nuestro inconsciente individual sería solo una cosa triste e inútil, un cementerio de experiencias enterradas.

Gracias al inconsciente colectivo, nuestro inconsciente individual se convierte en una herramienta preciosa, y se transforma en el medio de momentos vitales emocionantes, de ensoñaciones que pueden guiarnos hacia una evolución espiritual y una vida mejor.

Arquetipos, ideas, conceptos.

La palabra arquetipo proviene del griego antiguo y puede tener el significado de original, modelo, marca. Según algunos, también puede significar "principio". Fue utilizado por primera vez por Filón de Alejandría, un antiguo filósofo griego también conocido como Filón el Judío, que vivió en Alejandría en Egipto y fue contemporáneo de Jesús. Más tarde, el término fue retomado por otros filósofos griegos como Dionisio de Halicarnaso y Luciano. de Samosata.

El desarrollo del tema de los arquetipos puede insertarse, sin embargo, en la tradición platónica, donde aparecen como ideas, es decir, modelos originales de las cosas sensibles. Algunos neoplatónicos, como Plotino, las consideraban ideas preexistentes en la mente divina y modelos de las cosas creadas.

Dentro de esta tradición, Jung considera a los arquetipos como imágenes primordiales que constituyen el inconsciente colectivo, o incluso formas primitivas en las que se basan los mitos y las religiones.

En psicología analítica los arquetipos adquieren un valor ético y afectivo para el sujeto, y lo condicionan más o menos conscientemente a lo largo de su existencia.

De hecho, los arquetipos, tal como los concibió Jung, han sido comparados por muchos autores con estructuras míticas y cuentos populares. De hecho, sugerirían muchas similitudes de significado con los cuentos de hadas y los mitos. Recíprocamente, hay razones fundamentales en el mito y las religiones que se consideran arquetipos. En su libro "Tipos psicológicos", Jung afirma: "Los principales motivos mitológicos de cada época y de cada raza son probablemente de este tipo (arquetípicos)."

El cuarto excluido.

Jung fue un hábil disertante, logrando en todo caso interesar al público aun cuando éste no estuviera formado por personas introducidas en el ambiente científico. Contrariamente a la prosa freudiana, sin adornos y mesurada, Jung sabe expresar su personalidad rica y culta incluso en las obras más técnicas o sistemáticas. En este capítulo me refiero principalmente a tres de sus ensayos, presentados en forma de conferencias. El primero, "Los arquetipos del inconsciente colectivo", fue escrito en 1934 y revisado en 1954. El segundo, "El concepto del inconsciente colectivo", fue escrito en 1936.

El tercer trabajo, "La sincronicidad como principio de conexiones acasuales", publicado en 1952, es casi un compendio del primero y es en el que expresa plenamente su teoría sobre la sincronicidad.

Jung se mostró muy reacio a publicar este ensayo, y solo en 1952 su amigo y corresponsal Wolfgang Pauli lo persuadió para que lo hiciera.

Los dos habían colaborado durante más de veinte años a través de un intenso intercambio de ideas, precisamente en estos temas.

De hecho, a pesar de ser uno de los padres fundadores de la física cuántica, capaz de ganar un premio Nobel en 1945, Pauli compartía mucho las ideas de Jung y le hubiera gustado que el entorno científico fuera capaz de superar la desconfianza, el escepticismo y la burla considerando la posibilidad de un camino paralelo y de un lenguaje común entre la ciencia y la psiquis, que hubiera permitido una mayor comprensión.

El enfrentamiento intelectual entre Jung y Pauli generó una investigación conocida como "el barrio excluido". De hecho, el objeto de sus estudios tendía a resolver muchas de las dudas planteadas por la física cuántica sobre la completitud del modelo de la tríada de la física clásica: tiempo, espacio, causalidad; Jung y Pauli imaginaron un "cuarto excluido" al que se le dio el nombre de sincronicidad.

Pauli estaba fascinado con la posibilidad de agregar el cuarto elemento a la tríada. Jung, por su parte, estaba fascinado por los primeros estudios de partículas subatómicas que comenzaron a revelar propiedades increíbles, como las de mutar en ondas, o desaparecer y aparecer en otros puntos remotos, o comunicarse a distancias inmensas a través de misteriosas conexiones no físicas. Vio la naciente física cuántica, e incluso la teoría de la relatividad de Einstein, como posibles confirmaciones científicas de sus conceptos psicológicos de sincronicidad y lo paranormal.

Pauli poseía una profunda intuición (que, según decía, derivaba mucho de sus sueños) y una excepcional capacidad de pensamiento.

A muy temprana edad publicó un artículo sobre la teoría de la relatividad que fue publicado por la Enzyklopadie der mathematischen Wissenschaften. Cuando Einstein, el padre de la teoría, la leyó, comentó:

> "Cualquiera que estudie esta obra no creería que fue escrita por un joven de sólo veintiún años. No sé qué admirar más: la comprensión psicológica de la evolución de las ideas, la precisión de las deducciones matemáticas, la profunda la intuición, la capacidad de presentar la obra con lucidez sistemática, exhaustividad fáctica o infalibilidad crítica".

Desgraciadamente, Jung, como todo genio, siempre había chocado con la frialdad y la incomprensión de sus ideas más originales por parte de sus compañeros y su entorno laboral. Su pesar, y tal vez su sufrimiento por no poder, desde muy joven, involucrar en sus intuiciones ni siquiera a las personas más cercanas, se evidencia en las páginas de "Memorias, sueños, reflexiones", su diario-confesión confiado a la pluma por Aniela Jaffé. Por lo tanto, en su madurez, instintivamente había tomado una actitud renuente a hacer públicas sus teorías más audaces.

Fue Pauli quien superó sus reticencias convenciéndolo de publicar juntos un libro, en el que aparecían dos ensayos; uno del propio Pauli titulado "La influencia de los arquetipos en las teorías científicas de Kepler" y el segundo, firmado por Jung, "La sincronicidad como principio de conexiones acasuales".

Los arquetipos como imágenes primordiales.

El libro publicado con Pauli representó la síntesis de décadas de trabajo. La primera vez que Jung utilizó el término arquetipo data de 1919, con motivo de un simposio celebrado en Londres.

> "En el inconsciente también encontramos características que no han sido adquiridas individualmente, sino heredadas, es decir, instintos entendidos como impulsos para actividades que provienen, sin motivación consciente, de una restricción interna. A éstas se suman las formas existentes a priori, es decir congénitas, de la intuición, es decir, los arquetipos de la percepción y del entendimiento, (...) Así como los instintos inducen al hombre a un comportamiento específicamente humano, así los arquetipos fuerzan la percepción y la intuición a formaciones específicamente humanas.
>
> Los instintos y arquetipos de la intuición forman el inconsciente colectivo".

Jung pronto desarrolló la convicción de que los arquetipos eran ideas externas a la conciencia individual, que siempre habían existido y estaban estrechamente conectadas con los mitos primordiales. El hecho que lo llevó a abrazar convincentemente la tesis de la relación con los mitos lo relata él mismo en el ensayo "El concepto de inconsciente colectivo" escrito en 1936.

> "Alrededor de 1906 me encontré con una ilusión delirante muy extraña, en un esquizofrénico paranoico que había estado internado durante muchos años. El paciente sufría desde muy joven y era incurable. Había estudiado en una escuela pública y había sido contratado como oficinista. No tenía ninguna inclinación particular y yo mismo no sabía nada de mitología o arqueología en

ese momento. Un día encontré al paciente junto a la ventana, moviendo la cabeza y parpadeando al sol. Me dijo que hiciera lo mismo, porque así vería algo muy interesante. Cuando le pregunté qué veía, se asombró de que yo no podía ver nada y dijo: "Seguramente ves el pene del sol… cuando muevo la cabeza hacia adelante y hacia atrás, también se mueve, y de ahí viene el viento". Por supuesto que no entendí esta extraña idea en absoluto, pero tomé nota de ella.

Unos cuatro años más tarde, durante mis estudios mitológicos, encontré un libro del difunto Albrecht Dieterich, el conocido filólogo, que arrojó luz sobre esta fantasía. La obra, publicada en 1910, trata de un papiro griego de la Biblioteca Nacional de París. Dieterich creía que había descubierto un ritual de Mithriac en una parte del texto. El texto es, sin duda, una prescripción religiosa sobre la ejecución de ciertos hechizos en los que se nombra a Mithra. (...) En el texto leemos las siguientes indicaciones:

"Inhala de los rayos, inhala tres veces tanto como puedas y sentirás que te levantan y caminas hacia arriba y sentirás que estás en medio de la región aérea... Verás el camino de la dioses visibles a través del disco del sol, que es Dios mi padre. Así también verás el llamado tubo, el origen del viento útil. Porque verás algo como un tubo colgando del disco del sol. Veréis esto hacia las regiones occidentales, tan infinito como el viento que sopla del este. Si el otro viento se dirige hacia las regiones orientales, veréis la inversión de la visión en esa dirección"

> (...) Ahora bien, es absolutamente imposible que el paciente pudiera haber tenido algún conocimiento de un papiro griego publicado cuatro años después".

Jung consideró este episodio como una primera evidencia de una estrecha relación entre los arquetipos que se materializan en la mente humana y los símbolos de las mitologías antiguas.

El inconsciente colectivo.

El inconsciente colectivo es un concepto de la psicología analítica de Jung. En oposición al inconsciente personal que es individual, el inconsciente colectivo es compartido por todos los hombres y deriva de los ancestros comunes de toda la humanidad. En este sentido representa un contenedor psíquico universal, es decir, una parte del inconsciente común y compartido por toda la humanidad. Contiene los arquetipos, es decir, las formas y símbolos propios de todos los pueblos de todas las culturas (fig. 14).

Es importante señalar que los arquetipos no derivan de la experiencia del individuo sino que existen a priori, como herencia de la experiencia de toda la humanidad. Algunos suelen dividir el inconsciente colectivo según diferentes estratificaciones: la más profunda deriva de las raíces arcaicas del pasado; la estratificación media contiene los valores y costumbres sociales del momento que se está viviendo, y una tercera estratificación contiene las potenciales y posibles evoluciones futuras de la humanidad.

Jung presenta y defiende su teoría en el ensayo "El concepto del inconsciente colectivo", publicado en 1936.

Introduce el concepto afirmando que el inconsciente personal debe su existencia a la experiencia personal y se compone esencialmente de contenidos que han sido conscientes, aunque luego hayan sido olvidados o eliminados.

Por el contrario, los contenidos del inconsciente colectivo nunca han estado en la conciencia individual y, por lo tanto, nunca han sido adquiridos individualmente, sino que deben su existencia exclusivamente a la herencia.

En consecuencia, diferencia los dos tipos de inconscientes refiriéndose a su contenido: el inconsciente individual contiene sobre todo complejos, el inconsciente colectivo, en cambio, está formado esencialmente por arquetipos.

Jung defiende su idea del arquetipo como una forma preexistente, citando a otros investigadores como Lévy-Bruhl quien en sus estudios sobre la psicología de los primitivos define los arquetipos como "representaciones colectivas", Jung también cita a Hubert y Mauss, quienes en sus estudios de religión comparada definen los arquetipos "categorías de la imaginación". También cita a Adolf Bastian quien en sus estudios etnológicos define los arquetipos como "pensamientos elementales" o "pensamientos primordiales".

Fortalecido por estas convergencias científicas, Jung expone su tesis, según la cual:

> "Además de nuestra conciencia inmediata, que es de naturaleza enteramente personal y que creemos que es la única psique empírica (aún agregando el inconsciente personal como apéndice), existe un segundo sistema psíquico de naturaleza colectiva, universal e impersonal. , que es idéntico en todos los individuos. Este inconsciente colectivo no se desarrolla individualmente, sino que se hereda. Se compone de formas preexistentes, los arquetipos, que sólo pueden hacerse conscientes en un momento posterior y dar una forma específica a determinados contenidos psíquicos".

Jung pasa luego a ilustrar el significado del inconsciente colectivo y comienza refiriéndose a la psicología terapéutica en la visión de Sigmund Freud y Alfred Adler, que es de naturaleza exclusivamente personal y niega cualquier aporte o conexión externa con el individuo

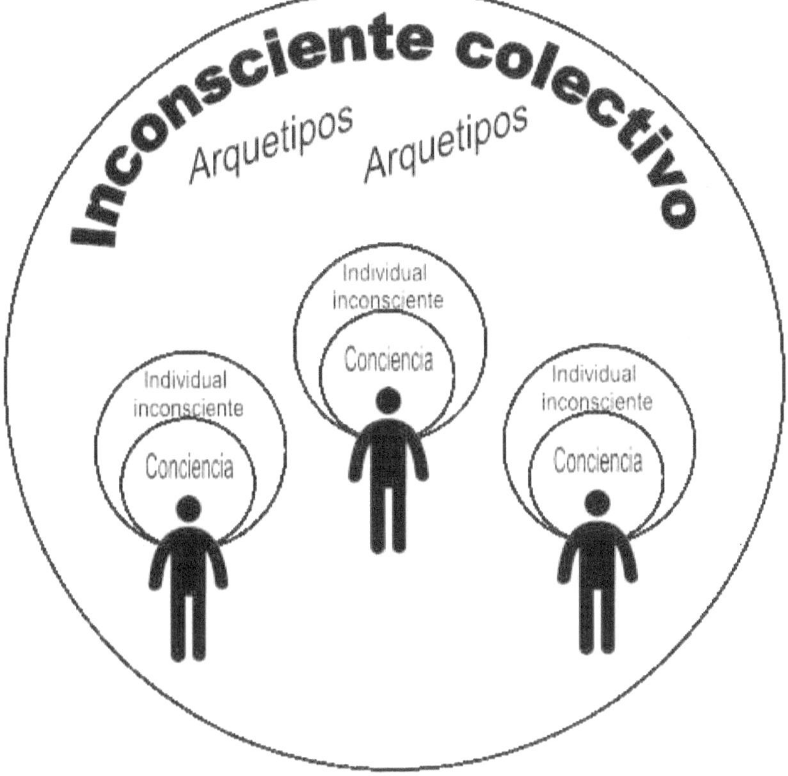

Figura 14 - Los niveles de conciencia según Carl Jung.
1. El subconsciente colectivo es común a toda la humanidad
2 Los arquetipos provienen del subconsciente colectivo.
3 -4 Cada individuo tiene un inconsciente y una conciencia individual..

Jung destaca la contradicción debida a que, por más individual que sea, esta visión también se refiere a factores que no son meramente individuales, como el instinto sexual o la pulsión de autoafirmación.

Ni siquiera Freud o Adler pudieron negar la existencia de instintos existentes a priori y presentes tanto en humanos como en animales. Los instintos ciertamente no son componentes personales sino universales y heredados de la psique, y con frecuencia operan por encima de la conciencia. En este sentido, los instintos muestran analogías muy estrechas con los arquetipos.

En consecuencia, según Jung, la hipótesis de la existencia de un inconsciente colectivo no es más atrevida que la que defiende la existencia de los instintos. Sobre la base de este razonamiento, se defiende de la acusación de misticismo que se dirige a su teoría del inconsciente colectivo. Así como los instintos pueden influir en el pensamiento, la conciencia y la acción de los individuos de una manera completamente mística, también pueden hacerlo los arquetipos del inconsciente colectivo.

El proceso de identificación.

En el primer capítulo de su obra "Aspectos del drama contemporáneo" Jung escribe lo siguiente:

> "Los arquetipos son como lechos de ríos abandonados por el agua, que sin embargo pueden volver a recibirla después de cierto tiempo. Un arquetipo es similar a un desfiladero de montaña en el que la corriente de la vida se ha derramado durante mucho tiempo: cuanto más ha excavado este lecho, cuanto más ha conservado esta dirección, más probable es que, tarde o temprano, regrese."

El psiquismo se compone esencialmente de una parte consciente (la conciencia) y una parte inconsciente, en la que podemos distinguir el inconsciente individual y el inconsciente colectivo.

La dinámica entre las dos partes (consciente - inconsciente) es considerada por Jung como el motor que permite al individuo afrontar un largo camino encaminado a la realización de su propia personalidad.

La interacción entre el consciente y el inconsciente genera un proceso que él llama "individuación". En este camino el individuo encuentra y se confronta con aspectos inconscientes (arquetipos) de su propia personalidad: enfrentándolos puede ampliar su conciencia.

El proceso de individuación representa un camino de integración y unificación de los complejos que componen la personalidad, es decir, un acercamiento progresivo del Ego con el Yo, a través de un camino que conduce a la conciencia del Yo y a la liberación del Yo. Ego de conflictos internos.

Jung cree que la tarea del psicoanálisis es establecer una relación jerárquica entre el "Sí Mismo" y el "Yo", considerando precisamente que el primero es el todo mientras que el segundo es sólo una parte. Esta relación debería permitir la reanudación del acercamiento armonioso entre ambos, cuando éste había sido detenido por una neurosis resultante de un endurecimiento de las instancias del "yo" con respecto a las necesidades individuales del Yo (de ahí el nombre: proceso de individuación).

El acercamiento se da a través del desciframiento del significado de los símbolos que el individuo encuentra a lo largo de su vida. Los símbolos pueden encontrarse tanto en el mundo interno, a través de los movimientos regresivos y progresivos de la libido, como en el mundo externo, gracias a los episodios de sincronicidad. Por lo tanto, las sincronicidades son una valiosa ayuda en el desarrollo del proceso de individuación.

Bajo esta luz, la individuación es el fruto de la colaboración continua entre la Conciencia, el Inconsciente, el Yo y el Sí mismo. El proceso de individuación representa un viaje espiritual hacia una mayor autoconciencia. El progreso en el viaje es reconocible por sus etapas.

Primera parada: el arquetipo de la Sombra.

La primera etapa se caracteriza por el arquetipo de la Sombra, es decir, todos aquellos aspectos que el individuo no sabe o quiere ocultar sobre sí mismo, así como todo lo que ha sido eliminado tras los compromisos debido a la educación y las influencias del entorno.

La Sombra representa la parte más desagradable y negativa de la psique; coincide incluso con los impulsos instintivos más bajos, que por lo general se tiende a reprimir. También representa los vicios e inclinaciones que el individuo tiende a negar que son suyos, pero que, a pesar de ello, afectan su conducta y se manifiestan con aspectos detestables del carácter o con "tentaciones" que la parte consciente trata de ignorar.

Este arquetipo puede manifestarse en sueños y símbolos con figuras demoníacas, monstruos y persecuciones, pesadillas vividas en la oscuridad.

Un arquetipo citado a menudo junto con la Sombra es el de Persona.

La Persona (del latín, "máscara de actor") es un arquetipo que indica el papel que juega el sujeto en el contexto social en el que actúa. La persona es precisamente la máscara, la identidad envolvente bajo la que actuamos, y gracias a la cual somos lo que los demás quisieran que fuéramos y lo que creemos ser.

Segunda etapa: el arquetipo del Anima o el Animus.

La segunda etapa se caracteriza por el encuentro con el arquetipo del Anima (para el macho) y el Animus (para la hembra). A pesar del nombre que recuerda al alma, no se refiere a ningún concepto de tipo religioso o dogmático.

La imagen del Alma es proyectada por los hombres sobre las mujeres, mientras que en las mujeres es el arquetipo correspondiente, el Animus, el que se proyecta sobre los hombres.

El Alma representa el contacto con los aspectos psíquico y mental, ese es el primer acercamiento de un individuo con su psicología, casi un rito iniciático. Es la puerta que permite el acceso al mundo trascendente.

Es un arquetipo de gran comunicación porque presenta muchas imágenes inconscientes, crea malentendidos, construye ilusiones y en consecuencia también crisis.

En este sentido, el enfrentamiento con el alma es mucho más exigente que el de la Sombra; implica entrar en territorios donde existe el riesgo de ser aplastado. Todo lo que el Alma toca se vuelve numinoso, es decir, absoluto, peligroso, tabú, mágico.

El Animus (componente masculino de la mujer) representa aspectos típicamente prácticos y concretos, racionales y reales. Se le representa en sueños con la guerra, el herrero y símbolos similares. Tiene contenidos de reflexividad, control, análisis, ponderación, racionalidad, cálculo, decisión, planificación, distinción.

Estos dos arquetipos nos dan una visión amplia de cuán dual puede ser la psique.

Según Jung, cada arquetipo contiene un aspecto de la vida y su opuesto, entendiéndose que ambos tienen su propio valor y su lugar. Por el contrario, el pensamiento de Freud se centra en la conflictualidad y la lucha por la eliminación de uno de los dos.

Según Jung, la dualidad de la psique implica la sumisión que supera el abuso y el amor que supera el odio. También debe existir una colaboración armoniosa entre el consciente y el inconsciente.

La dualidad junguiana también sigue siendo válida con respecto a la diversidad de géneros, ya que la psique tiene dentro de sí energías masculinas y femeninas, y cada hombre tiene un lado femenino, así como cada mujer tiene un lado masculino. Es obvio que cada uno tiene una energía dominante, pero a pesar de ello alberga, aunque en un segundo plano, también la opuesta.

En los bajorrelieves de los templos indios, lo masculino y lo femenino se representan como un hombre y una mujer abrazados; alegóricamente son dos figuras universales. La unidad inicial de los dos géneros también se desprende de las narraciones religiosas o míticas, donde leemos que Eva nace de una costilla de Adán y Atenea sale de la cabeza (o becerro) de Zeus.

Tercera etapa: el arquetipo del "Viejo Sabio".

La tercera etapa corresponde al encuentro con el arquetipo del "Viejo Sabio", quien puede entenderse como la figura masculina paterna, reflejando el arquetipo de la Grance Madre. El Viejo Sabio contiene toda la experiencia del individuo, y con ella toda su capacidad de razonar y prever. Representa la meta transformadora que uno está alcanzando después de haberse enfrentado con los arquetipos de las fases anteriores. Es la condición en la que uno se vuelve capaz de evaluar el pasado, el presente y el futuro. El Viejo Sabio es retratado como un filósofo capaz de aconsejar.

La "Gran Madre" representa el objetivo final de la psicología femenina. En la psicología junguiana es un arquetipo de gran y ambivalente poder, a la vez destructor y salvador, que nutre y devora. Está revestido de sacralidad, como para ser uno de los poderes numinosos del inconsciente.

Cuarta etapa: el arquetipo del Yo.

El arquetipo del Yo es el motivo final del proceso de individuación, es decir la razón de ser del individuo, que se le revela y se abre ante él como una flor que se abre.

Se representa como luz, cuaterna, centro de las cosas. Su símbolo puede ser el mandala, figura que en la tradición religiosa budista e hindú representa el cosmos y se pinta sobre tela o se pinta al fresco en las paredes de los templos.

El Ser representa al individuo mismo, con toda la experiencia y conocimiento que ha acumulado en su camino de individuación. Cuando el individuo se encuentra con el Ser, significa que las neurosis han sido vencidas y que se ha logrado la armonía interior.

Por lo tanto, el Sí mismo es la meta, la culminación de la realización de la personalidad, una cumbre en la que convergen y unifican todos los aspectos conscientes e inconscientes del individuo.

Otros arquetipos clásicos representan imágenes universales que expresan simultáneamente positividad o negatividad: el Agua, el

Número, el Héroe, el Mago, el Rebelde, el Soberano, el Inocente, el Apolo, numerosas figuras religiosas, etc.

Cuando los arquetipos se refieren a figuras míticas, religiosas o legendarias, son llamados por Jung "poderes numinosos", retomando un término ya acuñado por Rudolf Otto, teólogo alemán e historiador de las religiones.

Jung y la alquimia: individuación y Opus alchemicum.

El último libro escrito por Jung en 1956 se titula "Mysterium Coniunctionis" y trata del arquetipo del mismo nombre, que hace referencia al matrimonio sagrado o "alquímico" entre el Sol y la Luna. Jung se centró en la alquimia en muchas de sus obras, tratando de resaltar el significado de "Opus alchemicum" (obra alquímica) como una búsqueda espiritual.

Su investigación tuvo como objetivo descubrir las analogías existentes entre los procesos alquímicos y los relacionados con la esfera psíquica. En particular, analizó las fases por las que transcurriría el trabajo alquímico, es decir, el procedimiento para la obtención de la piedra filosofal. Este proceso implica algunas etapas, que originalmente eran cuatro:

- Nigredo o ennegrecimiento, asociado al elemento tierra.
- Albedo o blanqueamiento, asociado al elemento agua.
- Citrinitas o amarillamiento, asociado al elemento aire.
- Rubedo o rojez, asociado al elemento fuego.

Estas cuatro etapas corresponderían al proceso psíquico de individuación.

En particular, la primera etapa de identificación, es decir, la comparación con el arquetipo de la Sombra, encontraría correspondencia en la fase del proceso alquímico denominada nigredo.

Nigredo es un término latino que significa "color negro" o "negrura". Marca la Fase Negra del Opus, el inicio del camino de creación de la piedra filosofal. Es la etapa de putrefacción y decadencia. Este es el momento más delicado, simbolizado por un cuervo negro. En esta fase se deben dejar reposar todos los ingredientes, macerándolos y cocinándolos durante mucho tiempo hasta formar una masa oscura.

La segunda etapa, que es el encuentro con el Anima o Animus, encontraría correspondencia en la fase Opus del a "albedo", término latino que significa "blancura". Esta fase está simbolizada por un cisne blanco y se llama Opera al Bianco. Consiste en la purificación de la masa informe resultante del nigredo, para lavar las impurezas y prepararla para la siguiente fase. En lenguaje químico corresponde a la destilación. Metafóricamente, con este pasaje el alma se libera de las ataduras de la carnalidad.

La tercera etapa, que es el encuentro con el Viejo Sabio, encontraría correspondencia en la fase del proceso alquímico denominada Citrinitas.

En verdad, esta fase a menudo se consideraba como parte del albedo, mientras que otras tradiciones prefieren considerarla como una fase por derecho propio.

Citrinitas es la fase de amarilleamiento o quemado de la materia del Opus. Su color es el amarillo citrino, símbolo de voluntad y conciencia dinámica. De la putrefacción inicial se obtuvo un compuesto destilado, destinado a la sublimación.

La cuarta etapa, de la individuación que es el encuentro con el arquetipo del Yo, encontraría correspondencia en la fase del Opus denominada Rubedo.

El término latino rubedo se puede traducir como "enrojecimiento". Representa la Fase Roja y es la culminación de la transmutación química, que debe coincidir con la realización de la piedra filosofal capaz de convertir los metales básicos en oro. El rubedo se produce por efecto del fuego, es decir, del Espíritu. Sus símbolos son el ave fénix, la rosa roja, el huevo, un Rey coronado.

Rubedo tiene también otros valores simbólicos, ligados a que el rojo en la tradición alquímica representa el color intermedio entre el negro y el blanco. Por lo tanto, representa la conjunción de opuestos y la unión entre espíritu y materia o entre masculino y femenino.

Finalmente, así como el nigredo correspondía al cuerpo físico del alquimista, y el albedo a su alma, el rubedo corresponde a su espíritu, es decir, a la parte más alta de los tres constituyentes del ser humano.

Sincronicidad.

Es en la región del corazón donde tiene lugar el reconocimiento espontáneo de las conexiones, que la mente a menudo solo comprende más tarde. Estas conexiones eran al principio casi inexplicables.
pero percibidos con absoluta certeza se definen como sincronicidad,
o coincidencias, o simplemente milagros.
(Ruediger Schache, Consejos del corazón)

Jung expone completamente su teoría sobre la sincronicidad en el ensayo "Synchronicity as a Principle of Acausal Connections", comienza su razonamiento definiendo los conceptos de causal - acausal.

Jung comienza su exposición enfatizando cómo el concepto subyacente a las leyes de la naturaleza es que todo evento se debe a una causa. Sin embargo, esto no siempre es cierto; hay eventos en la naturaleza que no están ligados entre sí por relaciones de causa-efecto y por lo tanto deben ser interpretados de manera diferente.

Sería una empresa inútil buscar estos eventos en el mundo macrofísico, aunque solo sea porque sería imposible darles una explicación. Imaginemos una bola de billar moviéndose sin ningún empujón. La pelota no ha recibido el impacto de otra pelota, el empuje del viento, no está en un plano inclinado. El hecho no sería creíble. ni aunque muchos testigos lo contaran.

Es una confirmación del concepto de determinismo, según el cual todo fenómeno o evento físico está necesariamente determinado por otro fenómeno o evento que sucedió previamente.

Para que un fenómeno sea tomado en consideración no basta un solo testimonio, se necesitan muchos: a pesar de ello, el fenómeno seguirá siendo negado ante la falta de repetibilidad, es decir, de la posibilidad de reproducirlo normalmente. La repetibilidad debe ser posible bajo cualquier condición similar.

A veces, sin embargo, incluso un fenómeno raro puede ser tomado en consideración, como sucede en biología, donde un solo espécimen de una especie desconocida hace creíble la existencia de toda la especie.

La pregunta que se hace Jung es: ¿existe, de manera absolutamente general, una posibilidad de obtener confirmación de eventos incausados =? ¿Hay una serie de hechos injustificados? Su respuesta es positiva. Jung se refiere al mundo del "azar", en el que los eventos no parecen estar vinculados por relaciones causales con otros eventos.

Cuando hablamos del caso se acostumbra argumentar que incluso los eventos definidos como "aleatoriedad" o "coincidencias" pueden ser explicados, cuando estos eventos no pueden ser atribuidos a una causa, solo depende de que no se conozca.

Pero, prosigue Jung, el principio según el cual todo acontecimiento debe tener una causa es relativo, es decir, es aplicable sólo al contexto de la realidad macrofísica, aquella en la que vivimos. En consecuencia, aun admitiendo que la gran mayoría de los eventos deben tener una causa, esto no excluye que algunos eventos puedan no tenerla.

Entre la gran mayoría de los eventos vinculados a una causa, los raros casos en los que no existe causa se pueden rastrear hasta donde, tras un examen cuidadoso, una relación causal parece impensable. Aquí Jung da un ejemplo:

> "Si me veo obligado a encontrar que mi boleto de tranvía tiene el mismo número que el boleto de teatro que compro inmediatamente después, y si durante la misma noche todavía recibo una llamada telefónica en la que se menciona ese mismo número como mi número de teléfono, un causal relación me parece muy improbable, y ni la fantasía más atrevida me permitiría pensar que pueda existir una relación, aunque cada caso tomado por sí mismo tiene igualmente evidentemente su causa".

Es obvio que todas las coincidencias podrían ser como blancos acertados por casualidad, pero esta teoría puede sostenerse siempre que no exceda un nivel razonable de probabilidad. Cuando se supera este umbral es evidente que el complejo de coincidencias se vuelve inexplicable y no puede ser atribuido a ninguna causa.

Jung admite la posibilidad de que, sin embargo, una agrupación de coincidencias se deba únicamente al azar.

Sin embargo, pueden existir grupos de coincidencias que toman un valor diferente y muy significativo para quienes son los protagonistas. Son los casos en los que el sujeto implicado consigue conectar las coincidencias, dotándolas de sentido.

La ocurrencia de estos grupos de coincidencias contiene un componente numinoso, es decir, misterioso, sagrado, que los hace significativos, y cuando esto sucede, Jung le da al grupo el nombre de sincronicidad.

Al ilustrar las coincidencias significativas, Jung las agrupa en tres categorías.

La primera prevé que existe un vínculo entre un estado psíquico del sujeto y un acontecimiento contemporáneo y objetivo, que corresponde al estado psíquico. Un ejemplo es el episodio narrado por el propio Jung: mientras una paciente le decía que había soñado con un escarabajo, un insecto de ese tipo chocó contra la ventana del estudio.

La segunda categoría de coincidencias significativas prevé que existe un vínculo entre el estado psíquico de un sujeto y un evento externo, que ocurre en otro lugar pero que puede ser verificado posteriormente. Pueden servir de ejemplo los innumerables testimonios de sueños que anuncian la muerte de una persona, que luego se descubre que ha ocurrido al mismo tiempo que el sueño.

La tercera categoría prevé que existe un vínculo entre el estado psíquico del sujeto y un evento que aún no ha ocurrido, pero que ocurrirá en el futuro. Por ejemplo, puede ocurrir que de repente pienses en una persona a la que has perdido de vista y la encuentres al día siguiente.

En los tres casos se evidencia la necesidad de la existencia de un estado psíquico que permita al sujeto interceptar las señales que anuncian el evento, dándoles un sentido y motivando en sí mismo esa carga de expectativa que coincidirá con el cumplimiento del evento. sí mismo.

Desgraciadamente, los signos que podríamos definir como premonitorios muchas veces son ignorados, por numerosos que sean, porque estamos naturalmente acostumbrados a ver el mundo según los parámetros de la macrofísica determinista y a considerar distraídamente hechos insólitos y extrañas coincidencias, rebajándolos a casos sin importancia.

Nacimiento de una sincronicidad.

En su artículo "La sincronicidad como principio de las conexiones acausales", publicado en 1952, Jung cita un ejemplo de sincronicidad:

> "Para citar un ejemplo entre muchos, he notado el siguiente caso fechado el 1 de abril de 1949. Hoy es viernes. Tenemos pescado para el almuerzo. Todo el mundo recuerda de pasada el uso de "April Fool". Durante la mañana había escrito una inscripción: "Est homo totus medius piscis ab imo". Por la tarde, una antigua paciente a la que no veía desde hacía meses me muestra unos dibujos de peces especialmente sugerentes, que ha pintado mientras tanto. Por la noche me muestran un bordado que representa monstruos marinos en forma de pez. El 2 de abril, temprano en la mañana, una antigua paciente a la que no veía desde hacía varios años me cuenta un sueño en el que, encontrándose en la orilla de un lago, ve un gran pez nadando decididamente a su vez y "aterriza". , por así decirlo, a sus pies. En este período estoy ocupado con la investigación sobre el símbolo histórico del pez. Solo una de las personas mencionadas anteriormente lo sabe. Hay una sospecha evidente de que en este caso puede tratarse de una coincidencia importante, de una relación casual. Debo admitir que esta concentración me impresionó. Para mí tenía un cierto carácter numinoso. En tales casos se dice notoriamente: "¡No puede ser pura casualidad!". Los peces a menudo emergen como símbolos de contenido inconsciente".

En el lenguaje de la psicología de la forma, la significación es la cualidad que distingue las cosas de las no cosas, la escena central del fondo, las acciones relevantes que componen formas y contornos no relevantes.

Figura 15 - Imaginemos que el cuadrado punteado encierra un período de la vida de una persona, al que nos referimos como Felipe. Un día, una semana o más. Cada punto representa uno de los innumerables eventos que ocurrieron durante este período.

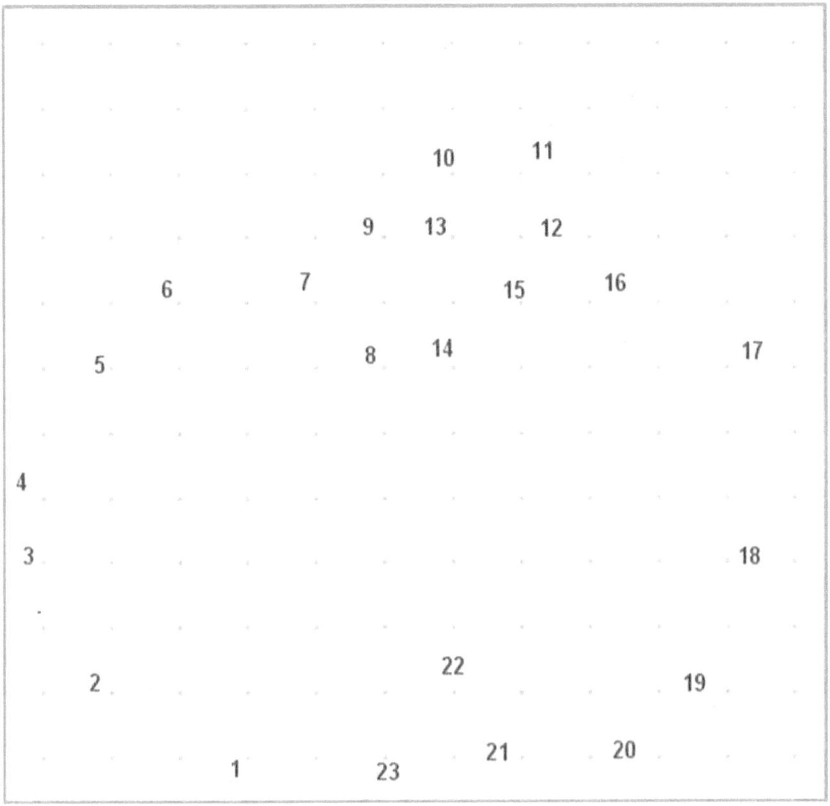

Figura 16 - Por supuesto, algunos episodios son más relevantes que otros. Luego hay algunas (las destacadas en negrita) que adquieren un valor especialmente significativo para Felipe, aunque él mismo no pueda explicar las razones.

Podríamos dividir las percepciones en fotografías y películas, para sugerir que no sólo existen percepciones instantáneas, comparables a las fotografías. A menudo percibimos unas situaciones más estructuradas, con su propia temporalidad, acontecimientos complejos que se destacan sobre el fondo de otros acontecimientos, como ocurre en las películas en las que la acción central acapara toda la atención a expensas del contorno.

En este caso estamos hablando de hechos, circunstancias, coincidencias significativas, cada una con su significado. Todos juntos contribuyen a construir una forma más compleja, compuesta por fragmentos de películas, cada uno independiente del otro, pero sobre todo dotado de una naturaleza simbólica relacionada con los acontecimientos y necesidades de nuestra vida. En este caso estamos hablando de sincronicidad.

Probablemente el método más sencillo para explicar qué es una sincronicidad es simular el proceso por el cual se construye, es decir, toma forma en la conciencia de un individuo.

Imaginaremos pues reconstruir los pasajes a través de los cuales una sincronicidad pudo emerger y hacerse efectiva en la conciencia de un amigo, a quien asignamos el nombre convencional de Felipe.

Felipe y su matrimonio.

La figura 15 encierra simbólicamente en un área delimitada (un cuadrado) un período de tiempo en la vida de Felipe, razonablemente una semana. Cada punto encerrado en el área representa uno de los innumerables eventos que lo involucraron en ese período, desde atarse los zapatos por la mañana hasta apagar la luz y acostarse por la noche. Cada puntito tiene su importancia, pero seguro que unos eventos son más relevantes que otros, como por ejemplo podría ser un elogio recibido en el trabajo frente a tirar una basura a la papelera.

Sin embargo, hay algunas situaciones que quedan especialmente grabadas en la mente de Philip, aunque no pueda explicar por qué. Estos son eventos que no están conectados entre sí ni tienen ninguna conexión con el curso ordinario de su día.

Son simplemente como destellos que deslumbran la mente como podrían deslumbrar la vista. Como sabes, el efecto de un relámpago tarda un tiempo en liberar al ojo de la incomodidad, y también la extraña sensación que despiertan algunos sucesos sigue parpadeando en la mente, sin motivo alguno.

En las figuras 16 y 17 quise representar todo como si fuera el famoso juego "Une los puntos".

En efecto, Felipe debe esforzarse por conectar hechos extraños, sueños y coincidencias entre sí para darles sentido, es decir, construir una forma que le dé un significado común a hechos que aparentemente nada en común deberían tener.

La noche entre el lunes y el martes Felipe tiene un sueño extraño. Se encuentra en una isla en el Océano Pacífico y participa en una fiesta organizada por los aldeanos. Muchos bailan, otros tocan instrumentos característicos del lugar y otros ofrecen coronas de flores, todo en un ambiente de serena alegría. Una mujer joven se acerca a Felipe y le pone en la cabeza una corona de flores brillantes y fragantes, que descansan sobre sus hombros y descienden sobre su pecho. De repente, mientras participa del ambiente festivo, Philip baja la mirada y ve un pequeño insecto que se desliza fuera del cáliz de una flor y comienza a mordisquear sus pétalos. Poco después, aparecen otros insectos y atacan todas las flores de la corona, que rápidamente se marchitan y se pudren. El sueño se está convirtiendo en una pesadilla; Philip se despierta sobresaltado y se da cuenta de que solo ha tenido una experiencia onírica desagradable, pero la imagen de las hermosas flores pudriéndose bajo sus ojos permanece vívida en su conciencia.

Al día siguiente descubre que se está emitiendo un documental sobre la organización militar del Imperio Romano en un canal de televisión que no suele seguir. Siempre le ha interesado la historia de la antigua Roma, por lo que decide seguir el programa. La película presenta la organización de un "castrum". El castrum era el campamento que cada legión debía construir en pocas horas al final de un día de marcha. Al principio, los militares cavaron un foso y construyeron una empalizada en su interior. Dentro de la empalizada El terreno estaba dividido por la "Via Principalis" y la

"Via Praetoria". Las carpas del comando, oficiales y soldados fueron colocadas en los distintos sectores. Al final de la construcción, el comandante ofreció un sacrificio a los dioses para proteger el campamento recién erigido.

"Qué extraño, - piensa Felipe - ofrecieron sacrificios en cada ocasión, entonces, ¿por qué en un campamento tan bien organizado no erigieron también un pequeño templo para los dioses?".

Este pensamiento lo sorprende: nunca imaginó que se preocuparía por construir un templo religioso. Felipe quiere dejar el pensamiento a un lado pero este insistentemente vuelve a dar vueltas en su cabeza.

La tercera curiosa coincidencia se produce al cabo de un par de días, mientras está trabajando en la oficina, y se encuentra forcejeando con un rotulador que, al haber estado demasiado tiempo sin capuchón, no quiere escribir. Impaciente, lo tira a la basura. Guido, un colega, interviene y le dice:

"No lo tires, dámelo. Con un poco de paciencia lo tendré escrito de nuevo y lo usaré para los anuncios para poner en el tablón de anuncios del club".

Guido, de hecho, es secretario y factótum en el club de bolos al que asisten ambos y donde, debido a los escasos recursos, se tiende a ahorrar en todo.

Por supuesto, Felipe no tiene nada en contra, pero le llama la atención la imagen del tablón de anuncios del club donde nos vemos reducidos a escribir con rotuladores recuperados.

En pocos días, incomprensiblemente, Felipe se sintió atraído por una serie de hechos curiosos y completamente inconexos. Comienza a preguntarse si todo esto tiene sentido. Flores frescas donadas en una fiesta que pronto es arruinada por parásitos, un templo pagano que le preocupa su falta, un tablón de anuncios en el que escribe con rotuladores agotados.

De repente, como en un relámpago, el vínculo común explota literalmente en la mente de Felipe.

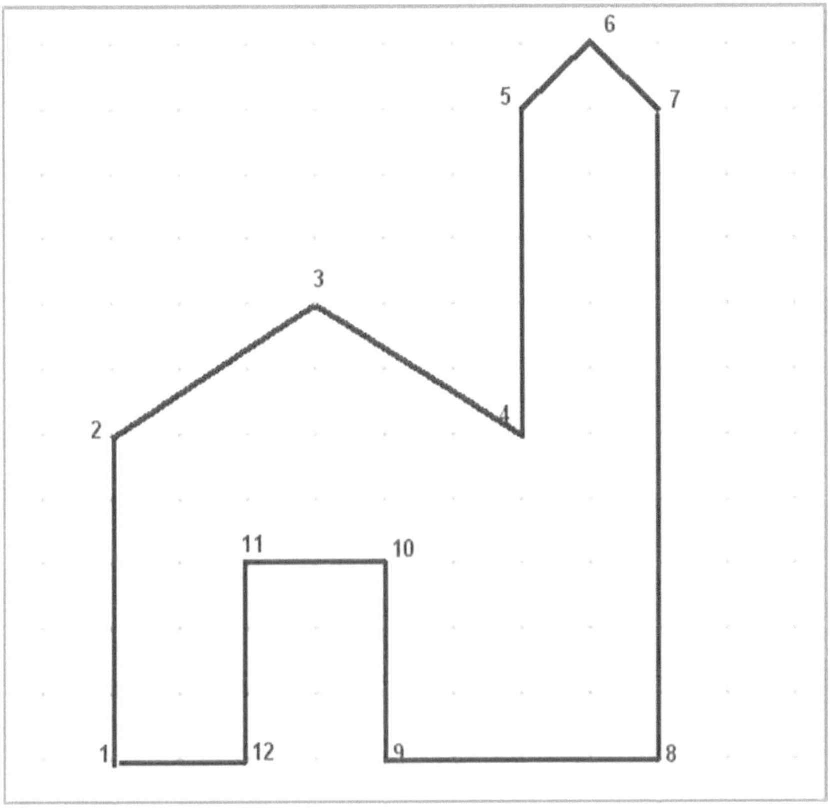

Figura 17 - Coincidencias significativas permiten materializar una "forma" en la conciencia de Felipe, como podría suceder en el juego "Une los puntos".

El denominador común es una iglesia, por supuesto. No cualquiera, sino la iglesita donde se casó. Las flores son las de la ceremonia, el templo es la iglesia misma, el tablón de anuncios es el de las amonestaciones matrimoniales.

En nuestra metáfora del juego "Une los puntos", como se puede ver en la figura 17, Felipe une los puntos y obtiene la forma de la iglesia, que inmediatamente identifica como aquella en la que se casó.

Todavía no es suficiente, la iglesia es simplemente un símbolo, la suma de muchos símbolos.

Felipe debe llegar a comprender el mensaje que se esconde detrás de estos símbolos: las flores que son atacadas por insectos y se pudren, el templo votivo que no está allí, el marcador agotado. Todo esto conectado a la iglesia donde comenzó su aventura matrimonial, le hace comprender que su vida en pareja ha sufrido de cierto abandono y su matrimonio atraviesa un momento difícil. Todo esto sucedió mientras él, que estaba ocupado con el trabajo y las tareas diarias, no se dio cuenta.

Si Felipe es capaz de descifrar la sincronicidad de la que fue protagonista, probablemente podrá volver a encarrilar su matrimonio.

Mateo y la frecuencia del número 31.

El segundo ejemplo que presento se basa en la frecuencia inusual con la que un número puede llamar nuestra atención. Hablaremos de Mateo y sus repetidos encuentros con el número 31.

Una pálida mañana de otoño, Matteo, el gerente de ventas de su empresa, estaba planeando citas con varios clientes. Había dejado para el final el más importante, el del doctor Corradini, director de compras de una empresa con una facturación de gran interés, pero de carácter antipático ya veces desagradable. Matteo siempre se sintió incómodo en los diversos contactos comerciales que tuvo que tener con él. Con un suspiro, levantó el auricular y lo llamó. El doctor Corradini se mostró inusualmente afable ese día, por lo que la entrevista pronto llegó a su fin con la fijación de una cita.

- Entonces doctor, ¿podemos encontrarnos el 31? - propuso Matteo.

- ¿Por tanto tiempo? - objetó Corradini.

- Bueno, es fin de mes, falta una semana.

- Pero mira, te equivocas. Estamos en noviembre, que tarda 30 días. ¿Qué calendario estás usando? ¿El azteca?

Matteo estuvo confundido por un momento, luego sintió que se hundía. ¡Qué error, y luego precisamente con Corradini! Murmuró algunas excusas y fijó la cita a las 30.

El episodio, sin embargo, lo dejó preocupado. ¿Cómo podía haber confundido tanto la fecha de una cita importante? Era obvio que noviembre tiene 30 días. Lo dice también la conocida canción infantil: "Treinta días tiene noviembre, con abril, junio y septiembre…". Y entonces, tenía la agenda abierta sobre la mesa. ¿Cómo se le ocurrió ese maldito 31, exponiéndose a la ironía del interlocutor?

Por el resto del trabajo del día Matteo no pudo terminar mucho, con ese 31 que lo atormentaba.

Finalmente llegó la hora de salida y Matteo salió a la calle para ir a la parada del autobús, donde esperaría el autobús 218 que lo llevaría a casa. Pero aquí encontró un cartel: "Porque temporalmente se suspende el trabajo en el bus 218. Alternativamente, los viajeros pueden tomar el autobús 31 que recorre Via Zanardelli ".

Si pensó que se deshizo del número 31, Matthew estaba equivocado. Tomó este nuevo vehículo que de todos modos lo condujo cerca de su domicilio, pero antes de subir a la casa fue a la tintorería a retirar algunas prendas.

Pina, la dueña de la lavandería, marcó su ropa con el recibo.

- Son 33 euros.

Matteo no era tacaño, pero le gustaba regatear siempre que podía.

- ¿Tanto? 33 euros? Vamos Pina, tuve un mal día, hazme pagar 30 euros.

- ¿Está bromeando, Sr. Matteo? ¡Te mostraría la factura de la luz que llegó hoy! Y luego el gobierno inventa un nuevo impuesto todos los días. Mire, Sr. Matteo, no puedo hacer ningún descuento en el precio. Sin embargo, solo por esta vez, solo puedo cobrarte 31 euros. Más no te puedo quitar, créeme!

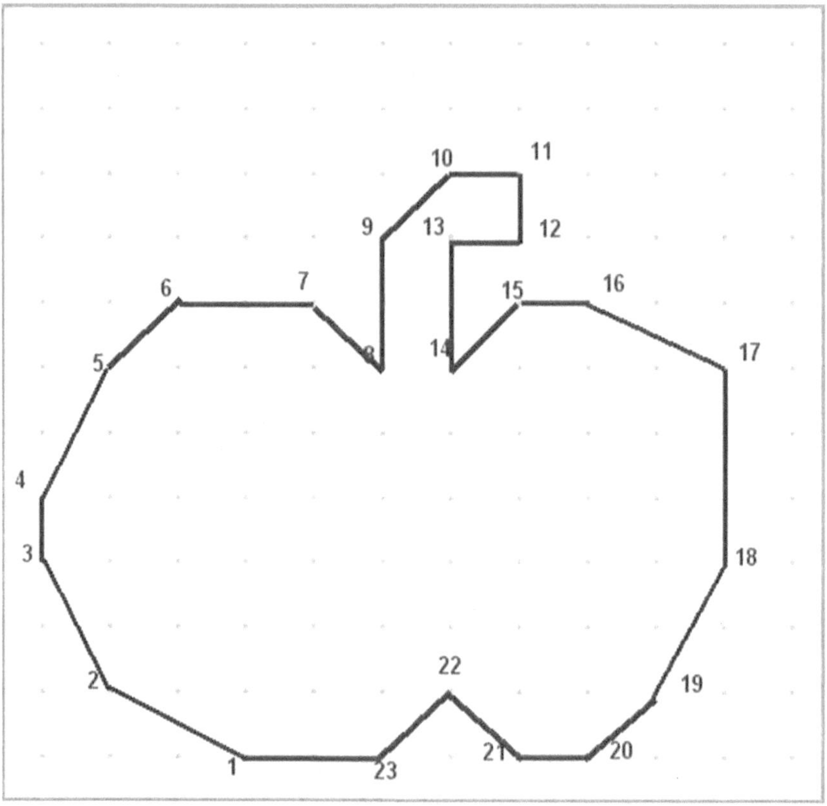

Figura 18 - El juego "Une los puntos" como metáfora de la sincronicidad que envuelve a Matteo y, a través del simbolismo de la calabaza, lo lleva a centrar su atención en las fiestas de Halloween de su juventud.

Matteo pagó y salió. Solo cuando estuvo de vuelta en la calle se dio cuenta de que el número 31 había entrado una vez más en su vida.

Durante toda la velada caviló sobre aquella extraña insistencia del número 31. Cuando se metió en la cama descubrió que no podía dormir.

La mala figura con Corradini ardió de manera particular. Matteo se vio afectado por la ironía de su respuesta:

"¿Pero qué calendario usas? ¿La azteca?".

Sí, noviembre tiene 30 días. Quizás lo había confundido con el mes anterior, octubre, que trae 31.

- 31 de octubre. ¿Qué me recuerda a esta fecha? - se dijo Matteo a sí mismo.

Por supuesto, ¡Halloween! (figura 18)

Empezó a pensar en las noches de Halloween que pasaba con su amigo Fulvio. Todos los años, en la noche de Halloween, los dos colocaban una gran calabaza vacía con una vela encendida dentro, en la boca de un puente. Luego esperaban a los transeúntes, lanzando gritos y carcajadas para asustarlos.

Fulvio era unos años mayor que él y era un verdadero maestro en robar la calabaza más adecuada de los alrededores.

La mente de Matthew deambuló por estos recuerdos durante mucho tiempo. Hacía mucho tiempo que no sabía nada de Fulvio. ¿Quién sabe cómo estaba?

El miro su reloj. No era demasiado tarde para hacer una llamada telefónica. De un viejo diario sacó el número de Fulvio y lo llamó.

El receptor de Fulvio sonó con una potencia increíble en el silencio de su hogar. Él, sentado en su escritorio, se quedó estupefacto. El teléfono volvió a sonar, perentorio, prepotente.

Fulvio colocó la pistola que sostenía en su mano derecha sobre la mesa y levantó el auricular.

- Hola viejo, ¿cómo estás? ¿Ya sabes como soy? soy mateo

Estaba estupefacto. Apartó el papel y el bolígrafo frente a él y respondió:

- Por supuesto que te reconozco. ¿Por qué pensaste en llamarme?

- Bueno, pensé que hacía mucho tiempo que no nos veíamos y sería bueno encontrarnos para intercambiar algunas ideas. Que dices, se puede hacer?
Fulvio miró fijamente el auricular, como aturdido. Ya no estaba solo, alguien había pensado en él, el ángel de la noche había venido a tenderle la mano. De pronto su soledad parecía menos abrumadora, y toda una película de decepción y amargura rebobinaba en su mente devolviéndole al punto donde la encrucijada entre la esperanza y la desesperación aún era viable, la elección podía ser meditada nuevamente. Sí, el pie en el borde del barranco aún podría retirarse. Era posible una nueva decisión.
Fulvio decidió con la velocidad del rayo. Cogió la pistola y la volvió a guardar en el cajón.
"Por supuesto que se puede hacer, amigo mío... sí, amigo mío, ciertamente se puede hacer, ¡vamos a encontrarnos!".
La historia de Matteo y Fulvio termina aquí. Nadie sabrá nunca que Fulvio se salvó esa noche gracias a una serie de extrañas coincidencias que envolvieron a Matteo, todas ligadas al número 31.
Nadie sabrá nunca qué procedimiento (ciertamente no lógico) llevó a Matteo a transformar algunas referencias genéricas al número 31 en una fecha significativa, la recurrencia de Halloween, y luego a tomar la decisión de contactar a su amigo de la infancia.
Nadie sabrá cuántas veces más historias como esta han sucedido realmente.

El número, el arquetipo del orden.

"No todo lo que se puede contar cuenta
y no todo lo que importa se puede contar".
(Cartel escrito a mano en el estudio de Einstein)

Números y sincronicidad.

Las coincidencias numéricas consiguen fascinar a todo el mundo, sobre todo cuando se repiten periódicamente en un breve espacio de tiempo, incluso en situaciones diferentes: la misma hora, el mismo número de casa, el mismo número de reserva, etc. A muchos les llama la atención, pero no todos creen que tenga un significado o tratan de averiguarlo.

La repetición de un mismo número esconde muchas veces un mensaje muy personal, que hay que intuir hurgando en los pliegues del inconsciente. El significado simbólico intrínseco del propio número, según antiguas tradiciones, puede ayudar en esta investigación. A través de una alegoría numérica podemos ser protagonistas de una sincronicidad que busca revelar un contenido de origen misterioso, tal vez divino.

La práctica de establecer coincidencias significativas a partir de números tiene sus raíces en la historia más remota del hombre. Se podía contar el número de pájaros en la bandada, el número de piedras de la misma forma o color, el número de plantas en el mismo claro. El número en sí es particular y misterioso, es decir, según Jung, tiene un significado siempre numinoso, extraño, divino.

Algunos profesores de matemáticas instruían a sus discípulos de esta manera: si tomamos cualquier grupo de objetos y los despojamos de todas sus propiedades, como peso, forma, tamaño, etc., solo una no podremos eliminar: su número. El número es una cantidad inevitable.

Existe una estrecha relación entre el número y la sincronicidad, porque ambos están revestidos de sacralidad y misterio. El número está siempre presente en cualquier sincronicidad, en cualquier forma: cantidad, fecha u otra; a menudo se oculta bajo expresiones como "tanto", "poco", "muy grande", "infinito".

Cada objeto puede ser considerado en su unidad o en su multiplicidad. Es el número que establece un orden preciso, por lo tanto crea jerarquía, orden, coherencia, organización, en definitiva claridad.

El número es considerado como uno de los principales arquetipos, y Jung lo define como el arquetipo del orden.

Figura 19 - El Tetraktys o número cuaternario representaba para los pitagóricos la secuencia aritmética de los cuatro primeros números naturales, o más precisamente los enteros positivos.

De hecho, crea disciplina en el caos; nos permite establecer y captar una regularidad que existe a priori de nuestro examen, incluso cuando, en la verificación inicial, estaría ausente.

El número es entonces el elemento que crea orden en el espíritu desde los albores de la humanidad, por lo tanto el más cercano e intuitivo para la inteligencia humana. Un ejemplo lo pueden representar los dibujos de manos encontrados en cuevas paleolíticas. Junto a pinturas que representan bisontes, caballos, rinocerontes y otras especies animales, también se han encontrado huellas de manos hechas con ocre amarillo o rojo. Las más conocidas son las ubicadas en la "Cue-vas de las manos pintas" ubicada en la Patagonia, en Río Chubut.

La datación rastrea estas huellas de manos hasta hace al menos 14.000 años. Estas son manos con dedos bien separados. Más allá del mensaje que el artista quería comunicar, y que, según los antropólogos, probablemente nunca conoceremos, la representación del número cinco es muy evidente a la vista. Como suele ocurrir y como sugiere la Navaja de Occam, la interpretación más sencilla y directa suele ser la más correcta.

En la tradición más antigua todos los números han asumido un significado místico y sagrado que aún hoy se conserva; en particular, se cree que todos los números del 1 al 9 son "sagrados".

La Tetraktys de los pitagóricos..

Pitágoras, filósofo y matemático griego que vivió en el siglo VI. BC, pretendía que las matemáticas fueran la ciencia capaz de poner orden en el aparente caos del mundo. Fundó una escuela en Crotone; para ser admitidos los alumnos debían jurar sobre el Tetractys: "Lo juro, por quien transmitió a nuestra alma el Te-tractys en el que se encuentran la fuente y la raíz de la naturaleza eterna...".

El Tetraktys representa la secuencia aritmética de los primeros cuatro enteros positivos (Fig. 19). Estos números están dispuestos en la forma geométrica de un triángulo equilátero de lado cuatro, formando así una pirámide que resumía la relación entre ellos y el diez. De hecho, según la llamada suma teosófica, $1 + 2 + 3 + 4 = 10$. A su vez, 10 hace referencia a la unidad sumando $1 + 0 = 1$.

Los principios co-smogónicos y los cuatro elementos de la naturaleza corresponden a los cuatro niveles de la Tetraktys.

La sección dorada.

Algunos números son realmente especiales, como el número 1.618 por ejemplo. Este valor indica la proporción ideal (nótese por ejemplo la proporción entre ancho y alto de un marco de fotos estándar) y su fórmula es:

$\sqrt{5} + 1) / 2 = 1{,}618...$

Normalmente se indica con la letra griega Fi Φ y se llama Número Áureo, Proporción Áurea, Sección Áurea o Constante de Fidias. Platón, quien lo menciona en su obra Timeo, habla de él como la clave física del Cosmos. En la Edad Media, la proporción áurea fue retomada por Leonardo Fibonacci de Pisa, por lo que hoy en día se la conoce especialmente como la serie de Fibonacci (fig. 20).
La serie de Fibonacci es una secuencia de números enteros positivos en la que cada número que empieza por el tercero es la suma de los dos anteriores y los dos primeros son por definición iguales a 1.
Por lo tanto, la serie está representada por números:

1, 1, 2, 3, 5, 8, 13, 21, 34, 55, 89,144, 233, 377, 610...

y puede continuar indefinidamente. De hecho, la intención de Fibonacci mientras elaboraba esta serie era encontrar una ley matemática que describiera el crecimiento de una población de conejos. No imaginó que descubriría una de las maravillosas reglas naturales del Cosmos. De hecho, la serie de Fibonacci está presente en prácticamente todos los elementos de la naturaleza y revela un proyecto de increíble elegancia.

La relación entre el largo del brazo y el antebrazo de un hombre adulto es "áurea", así como entre el largo de la pierna y su parte inferior. La misma proporción áurea también se encuentra entre las falanges de los dedos medio y anular.

Las propiedades matemáticas y geométricas de la sección áurea que se repiten con increíble constancia en los más diversos contextos naturales son una confirmación de la existencia de una estrecha relación entre un "ente creador" y la creación. El azar ciertamente no habría conducido a tal regularidad de perfección y belleza.

Cuando el número revela un contenido como la sección áurea, se muestra instrumento y mediador de una relación entre el todo y la parte, así como entre cada parte mayor y la respectiva parte menor.

Nadie niega la existencia, en esta configuración natural, de un ideal de belleza y armonía, lo que justifica ampliamente los nombres de "Aurea" y "Divina".

En botánica, quizás el ejemplo más significativo de una presencia efectiva de la sección áurea está representado por la disposición geométrica de las hojas e inflorescencias de algunas plantas.

A mediados de la década de 1800, Auguste Bravais, un botánico francés, en una serie de estudios realizados con su hermano Louis, descubrió que en muchas plantas las hojas están dispuestas en el tallo según una espiral en la que el ángulo entre dos hojas sucesivas es casi constante y es de unos 137,5°, correspondiente al ángulo áureo. Esta disposición garantiza un acceso y disfrute óptimos de cada hoja a la luz del sol.

Pero hay muchos ejemplos presentes en la naturaleza. Por ejemplo, el número de pétalos de flores suele ser igual a un valor de serie de Fibonacci. Por ejemplo, muchos, como los lirios y los lirios, tienen tres. El rosal tiene cinco u ocho, como el botón de oro y el frangipane (también llamado plumeria). Muchas margaritas tienen 13, por lo que el juego "me quiere, no me quiere" casi siempre termina con el consolador "me quiere"; esto también sucede cuando en lugar de la margarita se usa la más común "margarita de pradera", que tiene 21. Las compuestas, también llamadas asteráceas, un vasto grupo botánico que incluye, entre otras cosas, girasoles, gerberas y crisantemos, tienen 34, 55 u 89 , mientras que la achicoria común, que pertenece a la misma familia, tiene 21.

Todos estos son números que forman parte de la serie de Fibonacci. Es asombroso cómo expresiones naturales que a uno le gustaría haber sido generadas por casualidad, todas tienen características matemáticas inspiradas en una sola fuente.

Además de las formas anatómicas humanas, como ya se mencionó, también las de muchos animales como las estrellas de mar están inspiradas en la sección áurea; las criaturas más obviamente en forma de espiral lo hacen, como sugiere el caparazón del Nautilus. Pero eso no es suficiente: a estas alturas ya no debería sorprendernos que las formas de la Vía Láctea y otras galaxias también estén inspiradas en la sección áurea.

En el campo de la medicina se han realizado importantes descubrimientos en el estudio del movimiento humano. Por ejemplo, en 2013 se pudo comprobar que en la marcha la relación entre la fase de "postura" (soporte) y la fase de "balanceo" (cuando el pie avanza sin tocar aún el suelo) es igual a la proporción áurea. Se supone que esto tiene el propósito de hacer que el paso sea proporcional para facilitar su control por parte del cerebro.

La maldición de la novena sinfonía.

De hecho, muchos asocian el número nueve con la muerte. Esta correlación negativa comenzó a afianzarse cuando Gustav Mahler murió en 1911; acababa de completar la novena sinfonía "Das Lied von der Erde" (Canción de la Tierra) y rápidamente estaba poniendo su mano en la décima, con la esperanza de haber escapado al destino de Beethoven, quien murió poco después de completar su Novena sinfonía (Sinfonía Coral) .

La maldición de la Novena Sinfonía nació y se alimentó entre 1800 y 1900 y aún persiste con referencia a que muchos compositores han muerto después de componerla. Entre las víctimas más famosas, además de Mahler y Beethoven, podemos mencionar:

- Louis Spohr, o Ludwig Spohr (Braunschweig, 5 de abril de 1784 - Kassel, 22 de octubre de 1859) Compositor, violinista y director de orquesta alemán.

- Franz Schubert (Viena, 31 de enero de 1797 - Viena, 19 de noviembre de 1828) Compositor y pianista austriaco del período romántico.
- Antonín Dvořák (Nelahozeves, 8 de septiembre de 1841 - Praga, 1 de mayo de 1904) Compositor checo.
- Ralph Vaughan Williams (Down Ampney, 12 de octubre de 1872 - Londres, 26 de agosto de 1958) Compositor británico, autor de sinfonías, música de cámara, óperas, música coral y bandas sonoras.
- Joseph Anton Bruckner (Ansfelden, 4 de septiembre de 1824 - Viena, 11 de octubre de 1896) Compositor austríaco.
- Kurt Atterberg (Gotemburgo, 12 de diciembre de 1887 - Estocolmo, 15 de febrero de 1974) Compositor, director de orquesta y crítico musical sueco.
- Elie Siegmeister (Nueva York, 15 de enero de 1909 - Manhasset, 10 de marzo de 1991) Compositor, profesor de música y director de orquesta estadounidense.
- Roger Sessions (Brooklyn, 28 de diciembre de 1896 - Princeton, 16 de marzo de 1985) Compositor, crítico musical y académico estadounidense.
- Egon Joseph Wellesz (Viena, 21 de octubre de 1885 - Oxford, 9 de noviembre de 1974) es un musicólogo, compositor y docente austriaco.
- Peter Mennin (Erie, Pensilvania 17 de mayo de 1923 - Nueva York 17 de junio de 1983) importante compositor estadounidense de origen italiano.
- Sir Malcolm Henry Arnold (Northampton, 21 de octubre de 1921 - Norwich, 23 de septiembre de 2006) Compositor británico.

En un ensayo sobre Mahler, Arnold Schoenberg escribió:

> "Es como si la Novena fuera un límite. Quien quiera superarlo debe morir. Parece como si algo nos estuviera comunicando a través de la Décima Sinfonía. es algo que no podemos saber ahora, para lo que no estamos preparados. Quienes

escribieron la Novena Sinfonía se han acercado demasiado a lo que llamamos el "Más Allá".

El club de los 27.

La expresión inglesa "Club 27" hace referencia a artistas, en su mayoría cantantes de rock, que han fallecido a los 27 años. La expresión "Maldición de J27" también se usa a menudo para referirse a que su nombre o apellido comienza con la letra J.

Esta creencia surgió tras la muerte de Jimi Hendrix, Janis Joplin y Jim Morrison. Muchos creen que el primer artista en caer víctima de la maldición fue Robert Johnson, quien (se dice) vendió su alma al diablo por el éxito. Otros otorgan la Medalla de Primer Socio del Club a Alexandre Levy, quien murió a los 27 años en 1892.

En 2009, con motivo del 15.° aniversario de la muerte de Kurt Cobain, Robert Smith de National Public Radio declaró: "La muerte de estas estrellas de rock a la edad de 27 años realmente ha revolucionado la forma en que la gente ve el rock".

De hecho, las muertes de tantos artistas a una edad tan temprana se remontan al abuso de alcohol o drogas, accidentes automovilísticos o incluso suicidio.

Estos son algunos miembros del Club 27:

- Jim Morrison, (8 de diciembre de 1943 - 3 de julio de 1971), poeta, autor y efectivo, murió oficialmente de un paro cardíaco (pero nunca se realizó una autopsia).
- Amy Winehouse, (14 de septiembre de 1983 - 23 de julio de 2011) cantautora, fallecida por presunto abuso de alcohol.
- Brian Jones, (28 de febrero de 1942 - 3 de julio de 1969) fundador de los Rolling Stones. Se ahogó en la piscina de su villa.
- Janis Joplin, (19 de enero de 1943 - 4 de octubre de 1970) voz principal y compositora de Big Brother y The Holding Company. Murió de una sobredosis de heroína.

- Jimi Hendrix, (27 de noviembre de 1942 - 18 de septiembre de 1970) Pionero y virtuoso de la guitarra eléctrica. Murió asfixiado por vómitos tras la ingestión de alcohol y tranquilizantes.

- Kurt Cobain, (20 de febrero de 1967 - 5 de abril de 1994) cantante y guitarrista de Nirvana. Murió por suicidio.

- Kim Jong-yun, (8 de abril de 1990 - 18 de diciembre de 2017) compositor y cantante del grupo de K-Pop SHINee. Murió por suicidio.

- Robert Leroy Johnson (8 de mayo de 1911 - 16 de agosto de 1938) cantautor y guitarrista estadounidense. Murió por causas no especificadas.

- Cecilia, Evangelina Sobredo Galanes (11 de octubre de 1948 - 2 de agosto de 1976), cantautora española, dedicada al género pop. Muere en un accidente de coche.

- Chris Bell (12 de enero de 1951 - 27 de diciembre de 1978) cantante y guitarrista. Murió en un accidente automovilístico.

- Alexandre Levy (10 de noviembre de 1864 - 17 de enero de 1892) brasileño, pionero de la fusión entre la composición clásica y los ritmos populares de Brasil. Se cree que es el primer miembro conocido del Club 27. Murió por causas no especificadas.

Wolfgang Pauli y el número 137.

Wolfgang Pauli, físico y premio Nobel, mantuvo una larga relación con Carl Jung, inicialmente con fines terapéuticos y luego por interés científico. Hay documentación de una correspondencia muy larga entre los dos científicos. A Pauli le hubiera gustado crear una teoría psicofísica que uniera materia y psique. Después de todo, Pauli luchaba continuamente con sus sueños que parecían ser una guía eficaz para él. A pesar de la mentalidad científica, no estuvo exento de manifestaciones extrasensoriales: en el ambiente universitario en el que trabajaba era bien conocido el llamado “efecto

Pauli", según el cual no podía entrar en los laboratorios de sus compañeros sin que fallara algún equipo, o algunos tubos de ensayo rompiéndose. .
A lo largo de su vida científica estuvo casi obsesionado con un complejo problema de física, la constante de estructura fina, igual a aproximadamente 1/137.
A pesar de sus mejores esfuerzos, Pauli nunca logró encontrar la razón de ese valor. En 1958 fue ingresado en el hospital de Zúrich, ya que padecía un cáncer de páncreas, lo que le provocó la muerte al poco tiempo.
Para su sorpresa se encontró hospitalizado en la habitación 137 e inmediatamente se lo señaló a su asistente Charles Enz cuando fue a verlo. También le dijo que nunca más saldría de esa habitación, al igual que no había podido resolver el problema de su vida. Juzgó que el número 137 era como una trampa para él, y así fue.

El número 108 en la cultura oriental.

El número 108 tiene su origen en 12x9 y aparece constantemente en la cultura oriental. En particular, aquí hay algunas ocurrencias del número 108 o de sus múltiplos y submúltiplos:

- Es el número de cuentas del Mala o "rosario indio", y del Akṣamālā budista.
- Es el número de pecados en el budismo tibetano.
- Las deidades hindúes tienen 108 nombres que se pueden recitar contando las 108 cuentas del Mala.
- El Rig Veda tiene 10.800 versos.
- Los libros sagrados tibetanos del Khagiur constan de 108 volúmenes.
- En el Śrīmad Bhāgavatam, se describe a Krishna bailando con 108 pastoras y posteriormente casándose con 16.108 esposas.
- En el shivaísmo, se representa a Shiva Nataraja realizando su danza cósmica en 108 poses.
- En Japón, a fin de año, una campana sonó 108 veces para saludar el nuevo año.

- Las tentaciones que una persona debe resistir para alcanzar el Nirvana son 108.
- El templo de Baalbek, en Fenicia, tenía 54 columnas.
- En la ciudad santa de Lashanmjh, en el Tíbet, había 108 templos.
- Angkor Vat, Camboya, tiene 54 torres, 108 estatuas a cada lado del camino de entrada y 540 estatuas de divinidades.
- Las estrellas consideradas sagradas en la astrología china son 108.
- La duración del reinado antediluviano en la mitología sumeria fue de 108.000 años.

A nivel de curiosidad, añadimos que 108 es el número de pretendientes de Penélope, esposa de Ulises, en la Odisea de Homero.

El numero 666.

No podemos terminar este repaso sobre los números sagrados o significativos sin mencionar el número 666. Aparece en un pasaje del Nuevo Testamento, en el Apocalipsis de Juan, y se refiere a una "Bestia" que sube del mar y arrasa la Tierra. En particular, en la época contemporánea, el número se ha convertido en un símbolo del Diablo.

Como curiosidad, reporto una noticia dada a conocer por Associated Press el 2 de noviembre de 1996. Según la agencia, 436 vecinos de la ciudad de Madison habían accedido a jugar la combinación de los tres números 666 en una lotería local llamada Luck Devils, el día con motivo de la fiesta de Halloween. Increíble pero cierto, los jugadores ganaron la suma de 1800 dólares. Por la difusión de esta noticia parece que muchos otros lo han intentado.

El determinismo de la muerte y la resurrección.

"Un filósofo maduro y experto que le pide consejo sobre los libros de filosofía a estudiar, debe responder: ¿qué filosofía quieres? Porque ya sé lo que estás buscando.
Quieres una doctrina filosófica que te muestre lo que crees y quieres seguir creyendo.
¿Entonces que quieres? ¿Dios o los átomos? ¿Libertad o determinismo? Dígame. Tengo aquí, en mi farmacia, los frascos que contienen cada una de estas cosas.
Puedo darte uno u otro, dependiendo de tus deseos o necesidades."
(Giuseppe Rensi, filósofo y abogado)

Justicia divina en el municipio de Drynor.

En 1836, Davy Crockett, un héroe popular del Lejano Oeste estadounidense, mientras viajaba para unirse al ejército de Texas en San Antonio, acampó en un bosquecillo en la orilla de Honey Grove Creek, un pequeño río de solo 11 millas de largo que atraviesa el condado. de Fannin en Texas. Esa noche escribió una carta en la que describía con entusiasmo ese lugar, llamado Honey Grove (Honey Grove) por la abundancia de panales que creaban las abejas silvestres en los huecos de los árboles.

Crockett promovió más tarde el nacimiento, en ese lugar, de un pueblo con el mismo nombre. En 1842 su amigo Samuel Erwin, el primer poblador, se instaló allí y el propio Crockett celebró su matrimonio. Posteriormente la localidad se convirtió en un pequeño centro en expansión hasta constituirse en ciudad en 1873; el comercio, el cultivo del algodón y otras actividades le permitieron crecer hasta el nivel de unos pocos miles de habitantes, lo que favoreció la existencia de un periódico local de cuatro páginas, el "Honey Grove Signal".

La edición del 31 de marzo de 1905 de este periódico detalla un hecho que se ha convertido en un clásico en la literatura de sucesos extraños y misteriosos, generalmente conocido como "el caso de la bala predestinada". Hay varias versiones, pero la crónica del periódico nos permite reconstruir la más veraz.

El artículo aparece en una columna en la segunda página, con el título "Más sorprendente que una película. Una bala venga a una niña veinte años después de su muerte".

Las palabras iniciales del artículo ("Ocurrió un maravilloso caso de castigo en la tierra por los pecados de la carne...") describen bien el ambiente cultural en el que se desarrolló el evento, y la interpretación que se le dio al mismo.

El artículo presenta la noticia de la muerte accidental de Henry Ziegland, un residente de Drynor Township, una aldea que rodea Honey Grove. La crónica de su muerte no tendría interés si no la vinculamos a un antecedente que se remonta a veinte años antes.

Figura 20. Sección áurea de Leonardo Fibonacci.

HONEY GROVE SIGNAL.

DR. PRICE'S CREAM BAKING POWDER

Greatest Aid to Cookery

Ayer's Cherry Pectoral for Coughs, Colds

CROOK-RECORD CO.

PARIS, TEXAS.

The Fashion Event

Spring Opening

Millinery, Tailored Suits, Wraps, Skirts, Shirtwaists, Gloves, Hose, Corsets, Underw'r

Wednesday, April 5

Special Bargain Prices

Figura 21 - Edición del 31 de marzo de 1905 del Honey Grove Signal, que relata en una columna en la segunda página el caso de la muerte de Henry Ziegland ocurrida en circunstancias tan extrañas como para recordar una historia que data de veinte años antes.

En 1885 Henry Ziegland era un joven adinerado dedicado a todas las actividades placenteras propias de los jóvenes de todos los tiempos, como el cortejo de muchachas.

Lamentablemente para él, el ambiente y la moral actual no se inclinaban a favorecer las aventuras pasajeras por lo que, cuando una chica del lugar, Maysie Tinchor, fue cortejada, cedió a sus halagos y promesas porque tenía en mente una promesa de matrimonio. Sin embargo, Henry no lo creía así, y una vez que tuvo el fruto de sus deseos, lo liquidó abruptamente.

El dolor de Maysie y el saber haber sido engañada fueron inmensos, tanto que la pobre se quitó la vida. Por supuesto, no terminó ahí. Filford, el hermano pequeño de Maysie, molesto por el suicidio de su hermana, decide enfrentarse a Henry para expresarle todo su desprecio.

Luego corrió a su casa pero, con un exceso de impulsividad, llevó consigo el arma de la familia, un gran mosquete militar capaz de estallar una sola bala.

Cuando los dos se encontraron frente a Henry, mayor y más robusto que el joven, éste no se mostró nada conciliador. Ofendió a Filford y Maysie. Además, se burló del mosquete que Filford sostenía en sus manos.

Cegado por el odio y la desesperación, Filford perdió el control de la razón, levantó el cañón de su mosquete y disparó el único tiro en dirección al oponente: inmediatamente vio que un gran chorro de sangre salía de su cabeza mientras se desplomaba en el suelo.

En ese momento, convencido de que lo había matado, Filford se escapó; se dio cuenta de que había arruinado por completo a su familia, sumando al suicidio de su hermana su transformación en un asesino. Armó el mosquete con otra bala y, a su vez, se quitó la vida.

Las cosas, sin embargo, no habían ido como él creía: la bala solo había rozado la sien de Henry y fue a alojarse en el tronco del árbol detrás de él. Enrique, con la suerte que suele ayudar a los malvados, se salvó al sufrir una herida superficial que sanó en poco tiempo.

No sabemos si en los años siguientes llegó a arrepentirse de todo el mal derivado de su conducta, probablemente no. Hizo prosperar su negocio y se casó con una viuda rica con la que tuvo un hijo.

Esta creció y, anticipándose a su matrimonio, Henry decidió ampliar la casa para acomodar y mantener a la nueva familia al lado, construyendo una nueva ala justo en la dirección del árbol alcanzado por la bala veinte años antes. Para conseguir el espacio necesario, Henry decidió talar el árbol. Sigamos la historia de Honey Grove Signal:

> "Henry y su hijo cortaron el árbol en el que había penetrado la bala de Filford Tinchor e intentaron partirlo en pedazos. La madera era tan dura que las hachas y las cuñas no hacían efecto, por lo que decidieron insertar pequeñas cargas de dinamita en los agujeros naturales del tronco. En un momento, una explosión abrió el tronco del árbol liberando la vieja bala. La fuerza de la dinamita empujó la bala.
>
> Con una fuerza extraordinaria, la bala alcanzó la sien izquierda de Henry Ziegland y provocó su muerte instantánea.

El editor que iniciaba el artículo con las palabras "Maravilloso caso de castigo en la tierra por los pecados de la carne" concluye: "En la tumba de los hermanos Tinchor ahora solo hay polvo y silencio. Sin embargo, la bala, con la que Filford quiso vengar sus agravios, hoy hizo su trabajo".

¿Existe la justicia divina?

La crónica de Honey Grove Signal plantea una pregunta tan antigua como el mundo. ¿Existe una justicia retributiva divina? ¿Deberíamos creer en una "Entidad superior" que interviene según criterios de equidad para reequilibrar el destino de los oprimidos?

La pregunta es muy discutible. De hecho, incluso si este organismo estuviera operando en este sentido, primero deberíamos establecer cuál era su idea de justicia, y si esta idea, en todo caso, debería coincidir con la nuestra.

Desde el punto de vista de la filosofía de la ciencia esta idea es completamente absurda. Los eventos que involucran a la humanidad deben ser evaluados con el criterio determinista.

El determinismo identifica una explicación física para cualquier fenómeno, asumiendo que la cadena causa-efecto siempre debe ser válida. La consecuencia es que todo lo que sucede nunca se debe al azar, sino que está determinado por las leyes físicas que dominan el universo. Estas leyes son bien conocidas como interacciones fundamentales. Son las fuerzas de la naturaleza las que hacen posible la descripción de los fenómenos físicos, y hasta la fecha se han identificado básicamente cuatro. Son la fuerza de gravedad, la fuerza electromagnética, la fuerza nuclear débil y la fuerza nuclear fuerte.

La justicia divina no puede enmarcarse en ninguna de las cuatro fuerzas fundamentales, por lo tanto, para el determinismo, la justicia regida por un "Entidad superior" que interviene para premiar las buenas o malas acciones es una hipótesis completamente absurda. Henry Ziegland murió simplemente porque tuvo la desafortunada idea de usar dinamita, se deduce que la causa de todo radica en su imprudencia y azar. Punto.

Además, sobre la base del principio determinista, si realmente existiera la justicia divina, tendría que intervenir todas las veces, no solo de vez en cuando.

Estas consideraciones nos llevan a una encrucijada: o no existe la justicia divina, o el principio determinista es falso.

La aleatoriedad y el signo sobrenatural.

Podemos aprender más sobre el concepto considerando las curaciones físicas que ocurren en lugares milagrosos. Al contrario de lo que muchos creen, estos lugares no son solo católicos.

Por ejemplo, la mezquita Jamkaran, sagrada para los chiítas, se encuentra a seis kilómetros al este de la ciudad santa de Qom, en Irán. Los guardianes de la mezquita establecieron una comisión desde 1998 para examinar las curaciones milagrosas que ocurren en ese santuario y que se incluyen en un registro especial.

También hay que mencionar muchos lugares "paganos", como un gran número de fuentes o rocas con propiedades taumatúrgicas, como muchos dólmenes y menhires a los que todavía hoy se atribuyen poderes propiciatorios de la fertilidad.

En la cultura de los indios americanos existen las Ruedas de la medicina que no evocan tanto el concepto de curación del cuerpo sino la curación espiritual y el poder que se obtiene del conocimiento de los secretos del universo.

Una de las ruedas medicinales más antiguas se encuentra en las montañas Big Horn en Wyoming, y se cree que se construyó hace entre 200 y 500 años. Está realizado con piedras blancas dispuestas circularmente sobre un diámetro de 28 metros. La forma circular simboliza el movimiento, el paso del tiempo, la vida y las estaciones. En el centro de la Rueda hay una cruz, un símbolo del Gran Espíritu y el Árbol cósmico que tiene sus raíces en la Tierra y las ramas se extienden hacia el cielo y hacia las cuatro direcciones.

También existen lugares de curación puramente psíquicos, como los territorios fantásticos destino de los viajes chamánicos, donde el curandero se dispone a combatir las fuerzas que tienen como rehén la salud de las víctimas afectadas por las más diversas dolencias.

Por supuesto, también hay muchos lugares cristianos, conocidos por las curaciones milagrosas que ocurren allí. El más conocido es el santuario francés de Lourdes dedicado a la Virgen María, al que me refiero porque allí se ha establecido desde hace mucho tiempo una comisión médica, compuesta también por científicos no creyentes, que certifica curaciones inexplicables con absoluta parsimonia.

Muchas curaciones de patologías graves o muy graves tienen lugar mediante la inmersión en el agua de la Gruta de Massabielle, que se asemeja mucho al rito bautismal cristiano con el que, mediante una muerte y una resurrección simbólicas, se limpia de todo pecado y, por extensión, de toda enfermedad desde que, como dice san Pablo, la muerte entró en el mundo a causa del pecado.

Recuerdo que incluso el arquetipo junguiano del agua, si bien tiene un doble valor, en sus aspectos positivos puede ser portadora de vida en regiones áridas y desiertas de la Tierra, y por extensión en situaciones de sufrimiento humano físico y espiritual.

Lourdes se puede definir como un "lugar milagroso" porque el número de curaciones certificadas que se dan allí es estadísticamente superior a las que se dan en otros lugares. Sandro De Franciscis, desde 2009 presidente del "Bureau des constatations médicales" de Lourdes, dijo que en 150 años se han documentado unas 7.500 curaciones inexplicables, aunque sólo 70 de ellas han sido reconocidas por la Iglesia Católica como milagros. Es evidente la variación estadística muy significativa entre el número de curaciones que tuvieron lugar en este lugar en comparación con las relativas a lugares diferentes o "ordinarios".

El problema es que no todo el mundo se cura. A pesar de esto, las inexplicables curaciones de Lourdes son suficientes para socavar fuertemente el dogma materialista del determinismo: su extraordinario número sugiere que puede haber una falla en esa teoría. Además, la objeción de muchos científicos, según la cual los milagros no son milagros, sino consecuencias normales de leyes físicas aún no demostradas, no tiene ningún mérito porque de la misma manera los creyentes pueden afirmar que son consecuencia directa de la voluntad divina, incluso si la existencia de Dios aún no ha sido probada.

Eso sí, debemos reconocer que si todas las personas que se sumergen en las tinas de Lourdes se curaran, entonces caeríamos en una forma recíproca de determinismo, es decir, terminaríamos confirmando la teoría que queremos refutar en cambio.

La explicación que se da a este contraste de conceptos es bien sencilla: las curaciones milagrosas deben interpretarse como signos, es decir, como indicadores de una realidad que supera el determinismo pero sin negarlo. Si en su realidad cotidiana el hombre está sujeto a las reglas deterministas que hacen funcionar el mundo, esto no quiere decir que exista un nivel superior que pueda trascender esas reglas y que se manifieste ocasionalmente, sólo lo necesario para señalar a la conciencia de la humanidad su presencia y hacer que la presunción humana pueda sumergirse en un... baño de humildad.

Por lo tanto, las curaciones milagrosas no se deberían a leyes físicas aún desconocidas, ni a la mera casualidad, sino que serían signos de la presencia de una "Conciencia Universal" capaz de trascender sus propias leyes. Este concepto absurdo puede volverse más familiar para nosotros cuando examinamos el comportamiento de la materia en el nivel subatómico, descubriendo que en ese nivel de realidad todas las leyes físicas que subyacen al determinismo se ignoran silenciosamente. La misma materia que a nivel macroscópico, es decir, a nuestro nivel de existencia, obedece a las fuerzas fundamentales de la física determinista, en su nivel más íntimo las ignora, las desautoriza y las tergiversa.

Por lo tanto, es posible que el determinismo sea simultáneamente respetado y violado. Es posible que las leyes deterministas afirmen con certeza que cierta enfermedad incurable lleva a la muerte, y al mismo tiempo, en otro nivel, una fuerza no determinista interviene para desautorizar este principio y producir la curación.

Dado que vivimos al nivel de las leyes deterministas, es natural que éstas, a nuestro nivel, sean en última instancia más fuertes.

Hay una ley determinista de que incluso las personas curadas milagrosamente no escapan, porque sabemos muy bien que, incluso si son curadas y restauradas, al final seguirán condenadas a muerte. Como dice el Príncipe Antonio De Curtis en una de sus famosas composiciones:

> ¿Sabes lo que es la muerte?... es una herramienta niveladora.
> Un rey, un magistrado, un gran hombre, al cruzar la puerta del cementerio, pierden nombre, poder y riqueza.

El mismo Francisco de Asís, cantando su alabanza a la muerte, afirma en tono escueto:

> "Alabado sea mi Señor por nuestra muerte corporal,
> de la cual ningún ser humano puede escapar".

Casi todas las religiones y muchas filosofías, sin embargo, cuestionan el determinismo de la muerte configurando realidades trascendentes, capaces de situar la vida en un plano diferente y eterno. La principal fiesta cristiana es la Pascua, que celebra la muerte y resurrección de Jesucristo, prenda de la futura resurrección y vida eterna a la que están destinados todos los creyentes.

Otras religiones creen en la reencarnación, es decir, en una resurrección cíclica que culmina con la consecución de la perfección, estado en el que la muerte deja de existir. Según la concepción del budismo clásico (600 aC) lo que cuenta es la liberación del dolor de la existencia. La felicidad, es decir, el nirvana, es el final de los continuos renacimientos, la nada.

En los textos de los rabinos, el paraíso se describe como un recinto de rosas y arrayanes, un lugar espiritual en medio del cual se encuentra el Árbol de la vida. En el Corán, los musulmanes piadosos de ambos sexos entran en un jardín de placeres: el clima es bueno, el agua abunda y también la fruta, la carne y la miel.

¿Podemos creer en la resurrección?

En la concepción de muchas religiones es posible volver a la vida después de la muerte y esta idea no es tan extraña como podría parecer. Se ha puesto de moda, incluso entre los científicos menos creyentes, afirmar que "somos hijos de las estrellas". En efecto, no existen dudas científicas sobre el hecho de que nuestros cuerpos están compuestos por átomos que, después de haberse formado en los hornos de las primeras estrellas, luego se esparcen por todo el universo, reconfigurándose en infinitas expresiones de creación como parte de otras estrellas, planetas , o minerales y vegetales, y también como parte de los cuerpos de los seres vivos.

Cada átomo de nuestro cuerpo ha sido parte de innumerables otras expresiones de la materia. En cuanto a los átomos, por tanto, podríamos hablar de "inmortalidad" (al menos mientras dure el universo) o de reencarnación. En un sentido más amplio también de resurrección, si consideramos la muerte del organismo del que forman parte y el "renacimiento" como parte de un organismo diferente.

Por supuesto, este no es el tipo de resurrección que esperaríamos: a todos nos gustaría resucitar en un cuerpo que mantuviera las características y sobre todo la conciencia de la vida vivida anteriormente. Es decir, nos gustaría transferir la conciencia del cuerpo anterior al cuerpo nuevo.

Depende de cómo veamos la conciencia.

Según la concepción materialista, la conciencia es sólo un subproducto de la actividad cerebral, un epifenómeno producido por las interacciones electroquímicas que ocurren en la masa cerebral; en consecuencia, cuando el cerebro muere y cae en descomposición, incluso la conciencia, que nunca habría existido, "muere" con él.

Sin embargo, según muchas interpretaciones filosóficas y religiosas, la conciencia es pura psique que trasciende el cerebro. No solo no está confinado al cráneo, sino que se extiende por el cosmos interactuando libre y autónomamente con otras conciencias y con una "Conciencia universal". En este sentido, la conciencia podría ser también el eslabón informativo que une a todos los átomos de nuestro cuerpo, o más bien el proyecto según el cual se hace posible que se ordenen y asuman funciones tales como para obtener como resultado nuestro propio cuerpo tal como es. , y no diferente, con dos manos en lugar de cuatro y con huellas dactilares distintas a las de cualquier otro ser humano.

Si los átomos de nuestro cuerpo conservaran la memoria de su pertenencia a este proyecto, esta memoria sería inmortal, nuestra conciencia sería inmortal y en cierto sentido nuestro cuerpo sería inmortal.

El problema de la entropía.

Después de todo, ¿por qué morimos? Todo depende de una ley llamada entropía o, más técnicamente, "segunda ley de la termodinámica". En pocas palabras, la entropía significa que si rompe un vaso, puede romper cada pieza en más subpiezas, y luego cada subpieza en sucesivas sub-subpiezas, pero nunca podrá restaurar el vaso a su estado original de integridad. . Del mismo modo, si prepara un huevo revuelto, ya no podrá reconstituir el huevo entero, especialmente cuando lo haya cocinado.

Todos tenemos una percepción muy fuerte de la direccionalidad del tiempo y aceptamos que solo fluye en una dirección. Aceptamos la dirección "hacia adelante" del tiempo, pero luchamos por imaginar la dirección inversa. Esto seguramente depende del hecho de que la dirección recta es aquella en la que opera la causalidad. Damos por sentado que las causas preceden a sus efectos. No puede ocurrir un evento que no haya sido causado por otro, que ocurrió con anterioridad. Nunca sucederá que alguien pueda recoger manzanas sin que alguien haya plantado el árbol primero.

La entropía está ligada al paso del tiempo, y predice que todo va hacia el deterioro, ya que el tiempo avanza en una sola dirección y no es posible "rebobinar la película" para volver a una situación anterior; hay una norma implacable, precisamente la segunda ley de la termodinámica, según la cual la entropía de un sistema cerrado siempre aumenta. Por supuesto, el universo es un sistema cerrado.

Este "retorno" puede tener lugar de varias maneras. En algunos casos, como en la resurrección de la carne apoyada por el cristianismo, el difunto vuelve a la vida con el mismo botín de la vida anterior. En otros casos se afirma que la vuelta a la vida se produce en el cuerpo de otro ser vivo, aunque sea de diferente especie. Algunas religiones predicen el fin de la corporeidad pero el comienzo de una nueva vida en forma de espíritu puro.

Para los antiguos egipcios, la vida real era después de la muerte, por lo que el cuerpo era embalsamado para protegerlo de la corrupción. Esta práctica sugiere que creían que la resurrección se llevaría a cabo en el mismo cuerpo en lugar de la reencarnación en un cuerpo diferente. De hecho, en la mitología del Antiguo Egipto, el dios Osiris asesinado por su hermano Seth fue resucitado por su esposa Isis y se convirtió en el rey del inframundo y juez de los muertos.

El zoroastrismo, que fue la religión más extendida en Asia Central entre el siglo VI a. y el 10 d.C. basándose en las enseñanzas del profeta Zaratustra, sostiene que la resurrección corporal de los muertos tiene lugar en vista del juicio final de Dios sobre el Bien y el Mal. Después de la muerte, el alma del difunto pasa por un puente mientras sus acciones, buenas y malas, se colocan en la balanza. Cuando prevalecen las buenas obras, el puente parece ancho; de lo contrario, se vuelve tan delgado como la hoja de un cuchillo. El resultado decreta el destino del alma en el Garotman o Paraíso, o en el peor Lugar.

La mitología griega cuenta en varios casos de personajes que resucitan de entre los muertos, adquiriendo en ocasiones la inmortalidad.

Tántalo hizo pedazos a Pélope, su hijo aún niño, y puso la mesa de los Dioses para ver si entendían que era carne humana. Cuando Deméter ya se había comido un hombro, Zeus se dio cuenta del engaño, recompuso las extremidades de Pélope y lo resucitó, reemplazando el corte por uno de marfil.

Hipólito, hijo de Teseo e Hipólita, murió mientras conducía su carro pero el doctor Asclepio lo resucitó con la ayuda de Artemisa.

Después de que Zeus traicionó a Hera con Sémele, y después del nacimiento de Dionisio, fruto de la traición, Hera tomó represalias matando a su rival. Sin embargo, una vez que Dionisio creció, logró volverse inmortal, descendió al Hades y resucitó a su madre.

Reso, un joven rey de Tracia aliado de Príamo en la guerra de Troya, fue asesinado mientras dormía por Diomedes pero su madre, la musa Euterpe, obtuvo de Hades y Perséfone que lo resucitaran y quedó satisfecha.

Uno de los mitos platónicos cuenta la historia de un soldado de Panfilia caído en combate, llamado Er, que resucita por voluntad divina mientras su cuerpo está a punto de ser quemado en la pira. Por lo tanto, Er entró en el Hades a pesar de que aún no había sido enterrado, y luego volvió a la vida conservando todos los recuerdos de su vida anterior.

El platonismo afirmaba que las almas preexistían en un mundo celestial y caían prisioneras en un cuerpo humano en su nacimiento. Para liberarse, el alma debía someterse a un proceso de purificación consistente en sucesivas reencarnaciones. Este pensamiento platónico fue influenciado por escuelas filosóficas más antiguas. Solo después del siglo III a. los neoplatónicos adoptaron una visión de la reencarnación de inspiración hindú.

Las religiones de misterio celebraban el ritmo cíclico de la vida, la muerte y el renacimiento vinculado principalmente a las estaciones agrícolas y las fuerzas de la Naturaleza. Estas religiones no presuponían la liberación de la muerte sino el renacimiento continuo a una nueva vida después de cada muerte.

Los cínicos, según la tradición derivada de Diógenes de Sinope y con referencia a Sócrates y al semidiós Heracles, practicaban cultos mistéricos que celebraban la muerte y la resurrección.

Maniqueísmo. Mani, un filósofo persa que vivió en el siglo III, fundó una religión basada en principios inspirados en el cristianismo, el budismo, el mazdeísmo y el gnosticismo. Esta religión quería explicar el origen, la composición y el futuro del universo. Sobre la vida después de la muerte habló de tres destinos diferentes para los Perfectos, los Oidores y los Pecadores. Las almas de los Perfectos, después de la muerte, serían recibidas por Jesús y serían purificadas por el Sol, la Luna y la Estrella. Sus "partículas de luz", liberadas, se transformarían en divinidades para ascender al Primer Hombre y vivir junto a él.

El catarismo fue un movimiento religioso que se desarrolló entre los siglos XII y XIV especialmente en el sur de Francia. La teología cátara era dualista: el mundo de la materia era visto como el Mal, mientras que el Bien sólo podía encontrarse en el cielo cerca de Dios. Por lo tanto, la vida de los cátaros estaba dirigida a llevar el alma, concebida como una chispa divina del Bien, hacia el Cielo, liberando ella del Mal.

Los Cátaros aceptaron la idea de la reencarnación, en consecuencia aquellos que no lograron la liberación en una vida regresarían en una nueva vida para continuar la batalla hacia la Perfección. La reencarnación no siempre era necesaria, pero generalmente sí, considerando que no todos podían romper los lazos con el Mal en una sola vida. Esto explica por qué los cátaros, perseguidos por las cruzadas contra los albigenses, se arrojaron espontáneamente a las piras y se dejaron quemar cantando.

Los testigos de Jehová creen en una resurrección y una recompensa futura para los justos, que se dividirán en dos categorías:

- el primero está formado por el pequeño rebaño, compuesto por 144.000 elegidos que reinarán en el Cielo junto con Cristo sin cuerpo carnal, pero con cuerpo espiritual;
- el segundo incluye a todos los demás siervos de Dios que vivirán para siempre, con un cuerpo nuevo, en una Tierra transformada en Paraíso.

Los injustos, sin embargo, resucitarán en este Paraíso, pero siempre estarán sujetos a la segunda muerte.

Según la fe islámica, la humanidad está condenada a la muerte y al Día del Juicio. En este día, Allah ordenará a sus Ángeles que suenen las trompetas que, al primer toque, provocarán la aniquilación de todos los seres. Al segundo toque todos los hombres, sin excepción, resucitarán en cuerpo, alma y espíritu, para ser juzgados y premiados con el Cielo o condenados al Infierno. El Día del Juicio también se llama Yawm al-qiyāma (Día de la Resurrección).

Reencarnación en las religiones orientales.

En algunas religiones orientales la resurrección suele tomar la forma de reencarnación, ya que sus dogmas sostienen que todo ser vivo, desde la hormiga hasta el elefante, por citar algunos ejemplos, es portador del espíritu o alma de un difunto.

La forma clásica de la doctrina de la reencarnación proviene de la India donde fue elaborada y transcrita en escritos brahmánicos, en el siglo IX a.C. acerca de.

El concepto se aclaró entre los siglos VII y V a.C. de los Upanishads, un conjunto de textos religiosos y filosóficos indios compuestos en sánscrito. Esto permitió que fuera adoptado por otras grandes religiones orientales como el budismo. Después del budismo, la reencarnación también fue adoptada por el taoísmo chino, alrededor del siglo III a.

Reencarnación en el hinduismo.

El hinduismo es una religión muy extendida en ochenta y cuatro países. Se desarrolló en el subcontinente indio utilizando el vedismo ya existente. Los hindúes llamaron al ciclo de renacimiento Samsara. Este es un término sánscrito que a menudo se representa con la imagen de una rueda. En el hinduismo y otras religiones como el brahmanismo, el budismo y el jainismo, indica el ciclo de vida, muerte y renacimiento.

Según un significado posterior, Samsara también indica "el océano de la existencia", es decir, el mundo material impregnado de dolor y sufrimiento, por lo tanto, la vida terrenal. Pero la vida terrenal está absolutamente desprovista de sustancia real. De hecho, el mundo tal como lo vemos y lo percibimos es sólo un espejismo, una ilusión, "maya". Esta ilusión crea Avidya en el hombre, una ignorancia metafísica, es decir, una visión errónea de la vida terrenal y de otro mundo.

Maya es un concepto religioso y filosófico indio que adquiere definitivamente el significado de "ilusión cósmica" en el pensamiento Vedanta. Abarca todo el mundo fenoménico, inexistente e ilusorio, en oposición a la única realidad que es Atman.

Cuando el alma deja el cuerpo ahora muerto, descansa por tres eras y luego migra a un nuevo cuerpo. A través de este ciclo evoluciona su condición espiritual. La forma del ser vivo en que se reencarna el alma depende del Karma, o de las buenas obras realizadas. Cuantas más buenas obras haya, mejor será la condición de la nueva vida. Por el contrario, las acciones negativas producen la reencarnación en una forma inferior.

El hinduismo es un camino hacia el conocimiento y la salvación que conduce a la liberación final cuando el alma (Atman) separándose del cuerpo y del mundo, se une al absoluto o alma del mundo (Brahman). Samsara termina cuando el alma ha llegado a Brahman y al conocimiento.

Vedanta es el sistema filosófico indio de Upaniṣhad, cuyo representante más famoso fue Sankaracarya (circa 788-820). Vedanta elabora sistemáticamente la doctrina del Uno-Todo según la cual el concepto de pluralidad, inherente al mundo que aparece a nuestros sentidos, se basa en la ilusión.

La reincarnazione nelle Upanishad.

Los Upanishads fueron los primeros escritos en los que el lugar de la "segunda muerte" fue trasladado del cielo a la tierra. La ignorancia de la propia individualidad pone en acción el karma, la ley de causa y efecto de la espiritualidad oriental. Brihadaranyaka Upanishad afirma:

> “Ahora bien, un hombre es así o así; según como actúe y según como se comporte, así será: el hombre de buenas obras se volverá bueno, el hombre de malas obras, malo. El hombre se vuelve puro con acciones puras, malo con malas acciones. Una persona consiste en deseos. Y como es su deseo, así es su voluntad; y como es su voluntad, así es su acción; y cualquiera que sea la acción que haga, en consecuencia cosechará. ". (Brihadaranyaka Upanishad 4, 5-6)

La reencarnación (Samsara) es la forma práctica en que se ponen en práctica las buenas obras. Por lo tanto, el individuo está obligado a entrar en una nueva existencia material hasta que haya pagado toda la deuda kármica que ha acumulado.

Por lo tanto, en el Bhagavad Gita se hace referencia al concepto de reencarnación como un proceso natural de la vida al que están sujetos todos los mortales:

> “Así como el alma encarnada pasa en este cuerpo desde la infancia a la juventud y luego a la vejez, así el alma pasa a otro cuerpo en el instante de la muerte. El alma realizada no se ve perturbada por este cambio". (Bhagavad Gita 2,13)

> "Así como una persona se pone ropa nueva y deja las usadas, así el alma toma nuevos cuerpos materiales, abandonando los viejos e inútiles". (Bhagavad Gita 2,22)

En los Puranas en el capítulo 5 se indican todas las diferentes formas de reencarnación punitiva, según los pecados cometidos. El que ha matado a un sacerdote renace tísico, el que ha matado a una vaca renace jorobado o demente, el que ha matado a una virgen renace leproso, el que ha robado comida renace como ratón, el que ha robado grano renace como langosta .

Los Upanishads son escrituras ricas en poesía como se desprende de estos versos:

> "Eres la mujer, eres el hombre, eres el joven y la niña. Eres el anciano que se mueve penosamente apoyado en su bastón. Naces con caras que miran en todas direcciones. Eres la mariposa azul y el loro verde de ojos rojos. Eres la nube que genera el relámpago, eres las estaciones y los océanos. Tú nunca empezaste, Eres eternidad y omnipresencia. Tú eres Aquel de quien nacen todos los mundos

Reencarnación en el budismo.

El budismo ve la reencarnación como una forma de purificación, no como una recompensa o un castigo. El alma se une al "Todo Divino" a través de los méritos acumulados en repetidas reencarnaciones, pero cuando esto sucede pierde su individualidad y por ende su ego consciente.

Según el budismo, ningún ser vivo, ni siquiera ningún dios, escapa a la ley de la muerte y de las subsiguientes reencarnaciones en seres directamente inferiores o superiores al estado de su vida anterior. La muerte es una transformación de la energía. Después de la muerte, la vida no desaparece sino que se convierte en algo más profundo y consciente. En estas condiciones el hombre sigue existiendo hasta una nueva reencarnación.

Este destino es común a todos los seres vivos, no sólo a los hombres. Incluso los animales y todas las formas de vida, hasta las más simples, como las bacterias, se reencarnan. El concepto de "devenir" propone una realidad en la que nada se crea, nada se destruye, pero todo se transforma.

Incluso para el budismo hay un infierno y un cielo. Si el hombre ha hecho el mal, después de la muerte física está sujeto a penas de largo o mediano plazo. En cambio, las buenas obras en la vida permiten morar en un mundo divino, que sin embargo no dura para la eternidad. La liberación final del sufrimiento y las pasiones solo se logra alcanzando la iluminación completa o Nirvana según el pensamiento del mismo Buda:

> "Durante incontables vidas he vagado
> buscando en vano al constructor de esta casa.
> Es más doloroso que nunca seguir renaciendo.
> ¡Ay, constructor! Ahora te he encontrado.
> Nunca volverás a construir esta casa.
> Todas tus tablas están rotas,
> La viga de soporte está rota.
> Mi mente ha alcanzado la libertad suprema.
> Todo deseo se extingue".
> (Buda)

Por lo tanto, para los budistas el alma de cada ser es inmortal y da vida a todos los cuerpos físicos en los que se mueve posteriormente. El nacimiento y la muerte son momentos del proceso de renovación universal y forman parte de un ciclo natural.

Figura 22 - Tao en chino significa "Camino". En las filosofías orientales el símbolo del Tao, también conocido como el "Yin y el Yang", representa el camino, el devenir de todas las cosas, que se realiza con un movimiento que oscila entre dos extremos.

Reencarnación en el taoísmo.

La reencarnación es un concepto difícil de encontrar en los aforismos del Tao-te Ching (siglo VI aC). De hecho, estos no contienen referencias abiertas a la reencarnación que, por lo tanto, deben haber aparecido más tarde en el taoísmo. La doctrina taoísta afirma que "algo" pasa de una vida a otra pero no se especifica para quién está reservado exactamente ese destino. En el Chuang Tzu, importante texto taoísta del siglo IV a. se lee:

> "El nacimiento no es un comienzo; la muerte no es un final. Hay existencia sin límites, hay continuidad sin punto de partida.
>
> La vida es la compañera de la muerte, la muerte es el comienzo de la vida. ¿Quién entiende cómo funcionan? La vida del hombre es un soplo. Si inhalas hay vida, si exhalas hay muerte.
>
> La vida y la muerte son compañeras la una de la otra, entonces, ¿por qué deberíamos estar ansiosos?
>
> Las diez mil cosas son una: algunas las consideramos hermosas porque son raras o de otro mundo, otras las consideramos feas porque están sucias y podridas, pero lo malo y lo podrido puede volverse raro y de otro mundo y lo raro y de otro mundo puede volverse malo y podrido Por lo tanto, debéis considerar todo como uno: el sabio nunca deja de evaluar la unidad de todas las cosas." (Chuang Tzu, 23)

La resurrección en el cristianismo.

En el Antiguo Testamento, la esperanza de vencer la muerte o la resurrección se expresa por primera vez en los libros de Isaías y Daniel. Según estos profetas, para los que viven en el presente, y para los muertos de las generaciones pasadas, la muerte puede ser vencida gracias al acto divino de la nueva creación.

> Tus muertos vivirán; sus cuerpos se levantarán.
> Tú que moras en el polvo, despierta y canta de alegría!
> Porque tu rocío es un rocío de luz,
> y la tierra dará a luz a los muertos.." (Isaías 26,19)
>
> "Y muchos de los que duermen en el polvo de la tierra despertarán: uno para la vida eterna, el otro para el desprecio, para la infamia eterna. Y los sabios resplandecerán como el esplendor de la expansión, y los que han guiado a muchos a la justicia resplandecerán como las estrellas, por los siglos de los siglos".
> (Daniel 12,2-3)

En los libros sagrados del judaísmo se mencionan algunas resurrecciones realizadas por profetas como Elías y Eliseo.

La resurrección en el Nuevo Testamento.

Las manifestaciones de una vida del cuerpo después de la muerte, en el cristianismo en general, pueden tener lugar de tres formas: la resurrección, la asunción al cielo y la teofanía, o manifestación sensible de una divinidad.

La profecía de la resurrección se cumple con el descenso de Jesús al Inframundo, en los tres días siguientes a su muerte, para liberar las almas de los que habían vivido antes de su venida.

La fe en la resurrección se anuncia en el Evangelio y se reafirma en otros libros bíblicos, especialmente en los Hechos de los Apóstoles y en las Cartas de Pablo, donde se afirma que la muerte es "la paga del pecado".

Figura 23 - La resurrección de Lázaro en un ícono griego antiguo.

Para el cristianismo, la muerte de Jesús no fue simplemente el sacrificio de un inocente, sino el acontecimiento único y fundamental de la salvación; pronto Jesús regresaría y en su resurrección todos los creyentes serían resucitados. Sin embargo, ya en tiempos apostólicos, mientras se tomaba conciencia de que el regreso de Cristo no se produciría en tiempos inmediatos, se hizo necesario esclarecer la suerte de las almas inmediatamente después de su muerte, en espera de este regreso.

Por eso se imaginaba que las almas de los que habían merecido la Salvación subían al Cielo después de un período de purificación y en este sentido se ofrecían las oraciones de intercesión por los difuntos. Cristo, a su regreso al final de los tiempos, pronunciará entonces el Juicio Final, seguido de la resurrección de la "carne" (es decir, de los cuerpos, transfigurados a semejanza de la de Jesús).

El Nuevo Testamento ofrece muchos relatos de resurrección. Sin embargo, la mayoría de la gente recuerda solo un caso además del de Jesús mismo, a saber, la resurrección de Lázaro. Pero las resurrecciones descritas en el Nuevo Testamento son más de diez.

Desafortunadamente, nunca se nos dice lo que sucede con las personas resucitadas. ¿Qué hacen estas personas después de la resurrección y cómo continúan su vida en la tierra? Sólo en el caso de la resurrección de Jesús los Evangelios describen lo que sucede. Jesús se aparece a los discípulos que, sin embargo, no lo reconocen por ver su persona, sino por los gestos que hace.

Jesús les muestra las llagas de la pasión, pero estas no parecen causarle dolor alguno. De hecho, Jesús invita a Tomás, un discípulo incrédulo, a poner su mano sobre su costado. Detalle interesante: Jesús se sienta a la mesa y come con ellos. En su Evangelio, Lucas describe el comportamiento de Jesús resucitado.

> Mientras hablaban de estas cosas, Jesús mismo se puso en medio de ellos y dijo: ¡La paz sea con vosotros!". Conmocionados y llenos de miedo, creyeron ver un fantasma. Pero él les dijo: "¿Por qué estáis turbados, y por qué surgen dudas en vuestro corazón? Mira mis

> manos y mis pies: ¡soy yo! Tócame y verás; un fantasma no tiene carne ni huesos, como veis yo los tengo". Diciendo esto, les mostró las manos y los pies. Pero como de alegría todavía no creían y se llenaron de asombro, dijo: "¿Tienen aquí algo para comer?". Le ofrecieron una porción de pescado asado; lo tomó y se lo comió delante de ellos.

Después de todo, en la última cena, mientras bebía del cáliz de vino, Jesús dijo:

> "De cierto os digo que no volveré a beber del fruto de la vid hasta el día en que lo beba nuevo en el reino de Dios" (Mt 26,29)

sugiriendo, en una interpretación crudamente literal y ciertamente discutible, que en su nueva vida como resucitado continuaría disfrutando de los placeres de la convivencia. Sin embargo, es indudable que se trata de una "resurrección de la carne".

El dualismo. Entropía y sincronicidad.

"Si miras el desastre de la historia humana con frialdad, es difícil evitar la conclusión de que el hombre está afligido de un trastorno mental innato que conduce a la autodestrucción.
Homicidio dentro de la especie, a escala individual o colectiva, es un fenómeno desconocido en todo el reino animal, aparte de los humanos y algunas especies de hormigas y ratones".
(Arthur Koestler, en la revista The Observer)

Los ejemplos de sincronicidad examinados anteriormente contenían un mensaje descifrable en términos de "rescate amistoso". Filippo se da cuenta de que su matrimonio necesita una revisión, mientras que Matteo, sin saberlo, salva la vida de Fulvio. Podría decirse que las dos sincronicidades intervinieron como reequilibradores positivos de situaciones negativas, o más bien que actuaron como "árbitros" en una situación que avizoraba dos posibilidades que podrían identificarse como "buenas" y "malas" según criterios humanos muy difundidos. , o según la forma predominante de entender lo que sucede en el mundo.

De hecho, el pensamiento común de los seres humanos, desde el punto de vista teórico y de acuerdo con un optimismo en gran medida demagógico, favorece siempre las soluciones que pueden evitar el dolor y el sufrimiento de los demás. Esto es especialmente cierto cuando se desconoce "el siguiente". En cambio, a veces no tenemos escrúpulos en desear todo el mal a muchos de los que están cerca de nosotros. Por tanto, el bien y el mal pueden estar presentes al mismo tiempo en los juicios de una misma persona, muchas veces en el mismo juicio.

Desde un punto de vista genérico, el término "Bien" indica todo aquello que parece deseable a los individuos y que puede ser considerado como el fin último a alcanzar en la propia existencia. El concepto de "Mal" es típicamente opuesto, pero no separado, de hecho, coexistente.

Por tanto, el bien y el mal son dos caras de una misma moneda, absolutamente inseparables; no sólo lo son en los juicios humanos, sino en todas las visiones cosmológicas y casi en todas las filosofías y religiones, con menor o mayor énfasis. El bien y el mal representan una dualidad.

El dualismo

El término dualismo define cualquier doctrina religiosa, filosófica o incluso metodológica y científica, que prevea la existencia de dos principios opuestos o irreconciliables.

En este libro ya me he referido a muchos principios dualistas, como el típico de la filosofía de Francis Herbert Bradley, relativo a la apariencia y la realidad. Bradley es un filósofo inglés que vivió entre 1846 y 1924. Según su pensamiento, la verdad reside en la unidad del todo: no hay separación ni multiplicidad de cosas. Todo el mundo de la experiencia humana es apariencia; sólo la conciencia absoluta es real. Otro tipo de dualidad muy abordada en este libro es la relacionada con la religión y la ciencia, tema explorado por William James, un psicólogo y filósofo estadounidense de origen irlandés que vivió entre 1842 y 1910.

En verdad, el término dualismo debe atribuirse a Thomas Hide, un orientalista inglés nacido en Billingsley en 1636 y que vivió hasta 1703.

En su obra "Historia religionis veterum persarum" (Historia de la antigua religión persa), refiriéndose al zoroastrismo y al maniqueísmo, define el dualismo como el concepto, presente en ambas tradiciones, de lucha constante entre la Luz y la Oscuridad, es decir, el Bien y el Mal. , experiencias que están presentes al mismo tiempo y son independientes y opuestas. Cada aspecto de la existencia humana depende del uso del Bien del Mal.

En 1710 el filósofo Gottfried Wilhelm Leibniz publicó en Amsterdam su obra “Teodicea” sobre la bondad de Dios, la libertad del hombre y el origen del Mal. En su obra, Leibniz analizó el dualismo del Bien-Mal a la luz del libro bíblico de Job, rastreando el mismo origen del universo hasta los principios del Bien y del Mal. En Leibniz todo acontecimiento negativo, como los cataclismos o la existencia de un mal inmotivado que golpea al inocente, tiene su explicación en la ley superior de la armonía que vela por la creación divina y que justifica todo acontecimiento a la luz de un plan superior desconocido por el hombre. .

Incluso Pierre Bayle (1647-1706) en su "Diccionario histórico crítico", señala la presencia del Bien y del Mal como el origen material del universo, aunque desde un punto de vista racionalista.

En tiempos más recientes, el marxismo recuerda el dualismo superestructura-estructura, y en el campo psicológico Jung propone el dualismo consciente-inconsciente. Uno de los dualismos más investigados en la actualidad es el mente-cerebro, del que ya he hablado en este libro.

Una forma de dualismo no filosófica sino puramente física, que adquiere un aspecto decididamente relevante a los efectos de este libro, es la que nace de los experimentos de física cuántica llevados a cabo en los últimos años. Este es el dualismo onda-partícula, que es la base de la increíble realidad del entrelazamiento cuántico.

Sin embargo, existe otra forma de dualismo, que muchos científicos activos en el campo de la física cuántica o la filosofía insinúan o permiten tímidamente que se manifieste en sus trabajos, y es la dualidad entre la entropía del hombre, es decir, la tendencia humana a la autodeterminación. .destrucción, y la sincronicidad que, a pesar de ello, guía a la humanidad hacia etapas evolutivas progresivamente superiores.

El hombre entrópico.

La entropía o segunda ley de la termodinámica, una de las leyes básicas de la física, establece que en condiciones normales los sistemas abandonados tienden a desordenarse y corromperse en relación directa con el paso del tiempo. Todo ser vivo y no vivo se desgasta, se descompone y se autodestruye. Este es el fin seguro que, desde el punto de vista físico, todos los seres habrán de afrontar; es un proceso inevitable que no tiene retorno.

Con menos puntualidad científica podemos imaginar que, además de la entropía física que concierne a toda materia, existe una entropía psíquica que concierne a la humanidad. De hecho, todo hombre tiene una tendencia innata a la autodestrucción, y la tendencia de los individuos generalizados en la sociedad puede convertirse inexorablemente en la tendencia de comunidades y pueblos enteros.

El hombre tiende a la autodestrucción mucho más que cualquier otro ser vivo. La destrucción del ecosistema y las guerras nucleares y bacteriológicas representan hoy enormes peligros, igualmente balanceados con los de ayer, como las guerras de religión y de conquista, la esclavitud y toda otra técnica de asesinato y opresión, probablemente desde la primera vez que Caín utilizó una piedra para matar a su hermano Abel.

La crueldad gratuita sustentada en la carrera armamentista ha dominado siempre el comportamiento humano, sin darnos cuenta de cómo la destrucción del prójimo es la destrucción de nosotros mismos: innumerables veces nos hemos arriesgado a la extinción, y aún nos arriesgamos con mayor certeza a causa del poder de las armas actuales. .

Muchas leyes restrictivas y mandamientos religiosos están diseñados para detener las autolesiones de la especie humana: no mates, no robes, no hagas a los demás lo que no te gustaría que te hicieran a ti. A pesar de esto, el hombre tiene dentro de sí el germen de la autodestrucción, parece buscar su propia muerte y la de los demás. A pesar de ser consciente de este riesgo, el hombre es incapaz de librarse de esta entropía psíquica suya.

En su Carta a los Romanos, San Pablo describe bien esta situación:

"De hecho, sé que el bien no habita en mí, es decir, en mi carne; hay en mí el deseo del bien, pero no la capacidad de realizarlo; en efecto, no hago el bien que quiero, sino el mal que no quiero. Ahora bien, si hago lo que no quiero, ya no soy yo quien lo hago, sino el pecado que mora en mí. Por tanto, encuentro esta ley en mí: cuando quiero hacer el bien, el mal está a mi lado. De hecho, consiento en mi corazón a la ley de Dios, pero en mis miembros veo otra ley, que hace guerra a la ley de mi mente y me hace esclavo de la ley del pecado que está en mis miembros. ¡Soy desafortunado! ¿Quién me librará de este cuerpo condenado a muerte?". (Rom 7, 18-25)

La entropía no es lo que parece.

De hecho, incluso la entropía tiene aspectos según los cuales no es exactamente lo que aparece a primera vista, es decir, ese "problema irreparable" descrito por Boris Yellnikoff en la película "Whatever Works" con la frase: "Se llama entropía; es como cuando la pasta de dientes se sale del tubo y no puede volver a entrar".

Damos por sentado que, al nivel de nuestra experiencia sensorial, la entropía funciona exactamente como una fuerza desintegradora que actúa en la dirección del tiempo. Sin embargo, si salimos de nuestro nivel para entrar en niveles de espacio y tiempo que superan nuestra experiencia directa, podemos darle diferentes caras y significados a la entropía.

Pongamos un ejemplo con nuestro planeta, la Tierra, comparando lo que fue en sus inicios y lo que es ahora.

La apariencia de la Tierra primordial, hace unos 4.500 millones de años, era absolutamente distinta a la actual; su superficie fue continuamente desgarrada por poderosas erupciones volcánicas y azotada por persistentes lluvias que durarían millones de años, hasta generar los océanos. Así, un panorama casi infernal de rocas volcánicas desnudas iluminadas por las lavas incandescentes de las nuevas erupciones. Sin duda, un lugar donde hubiera sido imposible vivir.

La primera atmósfera de la Tierra, compuesta principalmente de hidrógeno, fue arrastrada por el viento solar, pero las abundantes y continuas erupciones formaron una segunda atmósfera compuesta, entre otras cosas, por dióxido de carbono, monóxido de carbono, amoníaco, vapor de agua y metano. Este entorno, con la ayuda de los rayos y la radiación ultravioleta del Sol, fue una cuna ideal para la formación de moléculas orgánicas listas para evolucionar hacia organismos cada vez más complejos. Así, pronto apareció la vida; los vestigios más antiguos que se conocen datan de hace 3.800 - 4.000 millones de años y son los ancestros de las bacterias actuales, organismos unicelulares muy simples y primitivos capaces, sin embargo, de realizar las actividades fundamentales atribuidas a los seres vivos, es decir alimentarse y reproducirse.

Pero, ¿cómo fue posible el desarrollo de estos seres primordiales a partir de las simples moléculas orgánicas presentes en la atmósfera de hace cuatro mil millones de años? ¿Qué estaba haciendo la entropía mientras esto sucedía? Porque, para ser honestos, tenemos que reconocer que fue un proceso de construcción, no de destrucción.

Cierto, las escuálidas y desnudas rocas volcánicas grisáceas sometidas a la ley de la entropía se desmoronaron a lo largo de los milenios, y cadenas montañosas enteras desaparecieron y se allanaron, de modo que cualquier observador humano podía certificar, en su experiencia, el poder destructivo de la entropía. Pero si ese observador hubiera podido liberarse de las limitaciones temporales limitadas de su observación, extendiéndola más a lo largo de los milenios, habría visto la roca transformarse en partes cada vez más pequeñas hasta convertirse en tierra; entonces vería la tierra extenderse sobre vastas llanuras y ofrecer un entorno de vida favorable. Un observador seguramente habría visto las aguas erosionar y cavar las rocas, abriéndose paso y destruyendo el ambiente atravesado, para luego transformarse en ríos capaces de llevar elementos fertilizadores en las tierras nacidas de la desintegración de las rocas, permitiendo el desarrollo de hierbas , plantas, flores. , insectos y demás seres vivos de todo tipo, es decir, de esa naturaleza que hoy definimos como maravillosa y que es la base de nuestro ciclo alimentario y de nuestra supervivencia.

Seamos realistas: sin la entropía no estaríamos aquí hoy. Por tanto, más allá de lo que pueda parecer a una observación ocasional limitada en el tiempo, la acción final de la entropía no es destructiva sino creativa.

La historia de la evolución contradice radicalmente el principio de la entropía. Los evolucionistas argumentan que la combinación espontánea de átomos desordenados, dispersos e inorgánicos habría ocurrido en un tiempo limitado y en un orden preciso para formar moléculas extremadamente complejas como las proteínas y luego el ADN, hasta la creación espontánea de millones de especies vivas con estructuras inmóviles. .más complejo.

La ley de la entropía, tal como se declina, niega que este proceso pueda tener lugar; pero, de hecho, lo hizo. Los científicos evolutivos cuestionan este problema sin poder proponer soluciones. El erudito evolutivo Roger Lewin afirma en un artículo de la revista Science:

> "Según la segunda ley de la termodinámica, los sistemas deben decaer con el tiempo, presentando menos, no mayor orden".

El científico evolutivo y médico Jesse Hackley Rush escribe:

> "En el complejo curso de su evolución, la vida revela un notable contraste con la tendencia expresada en la segunda ley de la termodinámica. Mientras este último habla de un progreso irreversible hacia el aumento de la entropía y el desorden, la vida evoluciona continuamente hacia niveles superiores de orden."

El volumen "El engaño de la evolución" (Harun Yahya) recoge la opinión de otro científico evolucionista, George Stravropoulos, publicada en la conocida revista científica American Scientist:

> "En condiciones ordinarias, ninguna molécula orgánica compleja podría formarse espontáneamente, sino más bien desintegrarse, según la segunda ley. En realidad, a mayor complejidad, mayor inestabilidad y mayor certeza, tarde o temprano, de su desintegración. La fotosíntesis y todos los procesos de la vida, y la vida misma, a pesar del lenguaje confuso, aún no pueden entenderse en términos de termodinámica o cualquier otra ciencia exacta."

Una solución "ab absurdum" la propone el famoso evolucionista Jeremy Rifkin en su ensayo "Entropía", publicado en 1980, en el que habla de un "poder mágico" que permitiría que la evolución no se viera arrollada por la entropía.

De hecho, existe un "poder mágico" capaz de domesticar la entropía, y es la sincronicidad. Así como en el dualismo Mal-Bien las dos fuerzas coexisten y crean una realidad cósmica destinada, si alguna vez termina, a la victoria del Bien, así el dualismo Entropía-Sincronicidad opera en el cosmos en un desafío que verá al ganador, en el final, la "Entidad" de la que emana la sincronicidad.

La sincronicidad como proyecto evolutivo inteligente.

La sincronicidad es un proyecto evolutivo guiado por una inteligencia, que podemos definir como "Mente Universal", capaz de intervenir no sólo en la vida de los individuos, como en los casos de Felipe y Mateo, sino también en la vida de grupos, pueblos, naciones y toda la humanidad. Esto justifica el hecho de que ni la entropía ni el egoísmo humano hayan impedido que el universo físico evolucione hacia una perfección cada vez mayor en lugar de la desintegración, y que la historia de la humanidad encuentre su final no en la autodestrucción colectiva sino en un desarrollo del arte, la cultura y, en definitiva, la conciencia de un destino que va más allá de la muerte física.

En mi libro anterior! Enredo y Sincronicidad" me detenía en la circunstancia verdaderamente desconcertante de que la especie humana, que comenzó hace millones de años con los primeros homínidos, permaneció en el estado de civilización de piedra durante un tiempo inmenso hasta que, hace apenas doce mil años , inició un salto cultural vertiginoso que nos ha llevado hoy a viajar por el sistema solar.

Todo esto no es posible en un proceso evolutivo gradual. Algo sucedió hace doce mil años, algo que, después de millones de años de letargo cultural, abrió la conciencia humana permitiendo alcanzar los picos de hoy.

Cuando sucede que unos descubrimientos se hacen al mismo tiempo, en diferentes lugares del mundo, por dos científicos que desconocen el trabajo del otro, debemos imaginar que el aporte lo dio una psique colectiva, común a ambos. Esto sucedió, por ejemplo, con la invención del teléfono por parte de Antonio Meucci en Nueva York y Alexander Bell en Boston.

El 22 de abril de 1984, los Centros para el Control y la Prevención de Enfermedades declararon públicamente que el virus Lav francés había sido definitivamente identificado como la causa del SIDA por investigadores del Instituto Pasteur. Al día siguiente, Margaret Heckler, secretaria de Salud y Servicios Humanos ", anuncia que Robert Gallo, director del laboratorio de biología celular de tumores del Instituto Nacional del Cáncer, ha aislado a su vez el virus candidato a ser responsable de la enfermedad de pacientes con sida, llamándolo Htlv-III. Así comienza un verdadero proceso legal batalla entre los dos prestigiosos institutos de investigación, los cuales reclaman la paternidad del descubrimiento.

Es indudable que muchos descubrimientos o tecnologías como los arcos, la agricultura, la ganadería o las construcciones en forma de pirámide fueron realizados por pueblos diferentes y muy lejanos, prácticamente “simultáneamente” si consideramos que ocurrieron en los últimos doce mil años sobre una historia que ha durado un total de millones.

Hoy en día, la principal preocupación de los científicos y laboratorios de investigación individuales es publicar los resultados antes que alguien más lo haga; de hecho todo el mundo sabe, aunque no tenga un conocimiento preciso de ello, que seguramente alguien más, en algún lugar del mundo, está haciendo la misma investigación que ellos. Dicho sea de paso, esto produce verdaderas tragedias en la conciencia de los investigadores, divididos entre la urgencia de la publicación y el temor de no haber considerado algún aspecto que pudiera afectar los resultados.

Además, no podemos dejar de advertir los numerosos descubrimientos que se produjeron "casualmente", como si un misterioso apuntador quisiera señalarlos de vez en cuando. Hablamos de los rayos X, los superpegamentos, la anestesia, la penicilina, el microondas, la sacarina, el transistor, el velcro, el teflón, el cardenillo y muchos otros, como la Coca-Cola. Este fue inventado el 8 de mayo de 1886 en Atlanta, (Georgia, EE. UU.) por el farmacéutico

John Stith Pemberton que en absoluto quería inventar una bebida, sino un remedio para los dolores de cabeza y el cansancio, por lo tanto un medicamento. El primer nombre que se le dio a la bebida fue "Pemberton's French Wine Coca".

Sincronicidades culturales.

Joseph Cambray en su libro "Synchronicity. Nature and Psyche in an Interconnected Universe" habla sobre la sincronicidad cultural citando eventos que abarcan civilizaciones enteras y millones de personas, como el surgimiento de la democracia en la Grecia clásica, evento que se desarrolló en un tiempo muy breve. y en una porción muy pequeña del planeta.

Creo que en este momento estamos viviendo otra gran sincronicidad cultural impulsada por el desarrollo de la física cuántica, una rama de la ciencia nacida hace algunas décadas. La física cuántica está revelando posibilidades increíbles, como la existencia de niveles no físicos que interconectan toda la materia del universo en una sola red.

Son niveles en los que las partículas, sin masa y en forma de energía vibrante y pura información, pueden liberarse de las limitaciones de tiempo y espacio a las que debe someterse la materia en nuestro nivel de comprensión.

La "sincronicidad cuántica" que estamos viviendo debería dar lugar a un salto cultural impensable: la superación del materialismo y el nacimiento de una ciencia unificadora de naturaleza y psique, espíritu y materia. Sólo a través de un nivel psíquico será posible superar las barreras físicas y entrar en la Conciencia del universo, para beneficiarse de toda la energía e inteligencia contenida en ella. Será un salto cuyo potencial ni siquiera podemos imaginar y que abrirá las puertas del "cielo" a la humanidad con todo lo que contiene.

El principio antrópico.

"Somos la encarnación local de un Cosmos que se ha vuelto consciente de sí mismo.
Hemos comenzado a comprender nuestro origen: somos materia estelar meditando en las estrellas"
(Carl Sagan)

"Oh Sol resplandeciente, ¿qué serías tú, si yo no estuviera aquí abajo, para hacerte brillar sobre mí?"
(Friedrich Nietzsche, Así habló Zaratustra)

El papel del hombre en el universo.

La idea que surge de la lectura del capítulo anterior, según la cual una "mente universal" operaría a través de episodios de sincronicidad individual o colectiva para el desarrollo cultural de la humanidad, presupone que se asigna un papel central al hombre que vive en el planeta Tierra. Para cumplir este papel, el hombre sería objeto de atención, protección y guía de esta "Mente".

Por el contrario, en la cosmología científica, el hombre no representa más que un producto de la evolución de la materia, absolutamente irrelevante para el desarrollo del planeta Tierra, y mucho menos para el del Universo. En verdad, hasta el siglo XVI la visión cultural situaba al hombre en el centro del universo. La teoría desarrollada posteriormente por Copérnico, según la cual los planetas giran alrededor del Sol, hizo que la Tierra se convirtiera, desde el centro del universo, en un simple planeta pequeño. En consecuencia, el hombre también se convirtió en una de las muchas criaturas vivientes en una pequeña parte del universo.

El principio antrópico.

En 1973, un científico, Brandon Carter, desarrolló una nueva formulación de la relación que une al ser humano con el universo. Lo llamó el "principio antrópico" y lo presentó a la comunidad científica durante un simposio sobre "Comparación de teorías cosmológicas con datos observacionales" que se llevó a cabo en Cracovia como parte de las celebraciones por el 500 aniversario del nacimiento de Nicolás Copérnico. Este principio, muy discutido en su formulación llamada "fuerte", anula la visión copernicana de la relación entre los seres humanos y el cosmos y le devuelve su centralidad al hombre.

Incluso antes de que Carter hiciera pública la teoría, ya se estaba compartiendo con otros científicos como Martin Rees, Freeman Dyson, John Wheeler y otros.

Figura 24 - Sellos conmemorativos emitidos por la Oficina de Correos de Polonia con motivo de las celebraciones por el 500 aniversario del nacimiento de Nicolás Copérnico, durante el cual Brandon Carter acuñó el término Principio Antrópico.

Figura 25 - Memoria de Stephen Hawking, recientemente fallecido, y su libro "El universo en pocas palabras". En el libro, trata cuestiones relacionadas con la Teoría M sobre el universo multidimensional y se refiere con frecuencia al "Principio antrópico" de Brandon Carter..

Hay que decir que un científico de la talla de Stephen Hawking, en un principio dudoso, tras la formulación de la Teoría M (teoría que unifica todo en un universo multidimensional) cambió de opinión haciéndose partidario del Principio Antrópico e incluyéndolo en todos sus estudios y publicaciones posteriores, como el libro "El Universo en pocas palabras".

Brandon Carter.

Brandon Carter (fig. 26) es un físico australiano, conocido por sus estudios sobre las propiedades de los agujeros negros y por el descubrimiento de una cuarta constante de movimiento, bautizada, en referencia a su nombre, "Constante de Carter". Es, por lo tanto, un científico de calibre, y esto lo hizo particularmente confiable cuando formuló la teoría que definió como !Principio antrópico ".

En sus líneas generales, este principio sostiene que la conciencia humana no es el resultado casual de la evolución de la materia, sino el punto de llegada de una evolución del universo que tendió precisamente al nacimiento de la conciencia. El Principio, tal como lo enunció Carter en Cracovia, tiene dos formulaciones, llamadas "débil" y "fuerte".

El principio antrópico "débil".

El llamado principio antrópico débil sostiene que nuestra posición en el espacio y el tiempo del universo es ciertamente privilegiada porque todas las constantes que subyacen al funcionamiento del universo están calibradas en los valores más adecuados para el desarrollo de nuestro tipo de vida. Debido a una serie de increíbles coincidencias, las leyes que rigen el universo son consistentes con la posibilidad de que exista vida inteligente. Por ejemplo, si el Sol tuviera un tamaño ligeramente diferente, o si la Tierra girara alrededor del Sol a una distancia mínimamente diferente, los mares se convertirían en ollas hirviendo o montañas de hielo.

Figura 26 - Arriba John David Barrow y Frank Tipler, autores del libro "El principio antrópico". Abajo a la izquierda Brandon Carter, quien formuló la teoría.

Los valores posibles de las cuatro interacciones fundamentales (gravitacional, electromagnética, nuclear débil y nuclear fuerte) y de las partículas subatómicas (protón, neutrón, electrón) serían infinitos, y solo los valores que realmente medimos nos permiten crear una red interactiva entre ellos que da lugar a un universo que genera vida. Entre las infinitas configuraciones. sólo se eligió uno, muy específico. Stephen Hawking escribe en su libro "De los agujeros negros al universo":

> "Si la densidad del Universo un segundo después del Big Bang hubiera sido mayor que la densidad crítica en una parte en cien mil millones, el Universo se habría colapsado después de 10 años. Si, por el contrario, hubiera sido inferior al mismo valor, el Universo ya estaría vacío después de 10 años de existencia"

El principio antrópico "fuerte".

El principio fuerte establece que el universo debe ser tal como es para permitir el desarrollo de la vida, en un momento determinado de su historia, que coincide con la época que estamos viviendo, es decir, unos 14 mil millones de años desde su formación. Entre los muchos universos que pudieron haber nacido del Big Bang, se ha desarrollado el mismo que nos permite estar aquí hoy; la probabilidad de que esto suceda es de uno en varios miles de millones; si hubiera sucedido por casualidad, entonces la casualidad habría ganado una lotería imposible.

Esto significa que el universo fue diseñado precisamente para permitirnos estar aquí hoy. El universo tiene un propósito: albergar al hombre.

Por lo tanto, el hombre no sería un huésped que casualmente se encuentra en un universo que lo ignora, sino la razón y el propósito por el cual existe el universo. Esta teoría implica que el universo se formó con el objetivo de promover la vida y el desarrollo de la conciencia; es decir, que el universo fue diseñado como un capullo, una placenta en la que podría originarse la vida en general y la conciencia humana en particular.

La suposición de que el universo fue creado para nosotros asigna ciertamente una finalidad al cosmos, que ya no es una masa caótica de materia bruta sino que responde a un proyecto de realización del hombre en un devenir que ya no está confiado al azar, y exige la presencia de un "Diseño Inteligente", y por tanto la existencia de un "Diseñador" o en todo caso de esa "Mente Universal" mencionada varias veces en las páginas anteriores.

Esto también podría tener implicaciones religiosas sobre las que, sin embargo, no hay pronunciamientos, al menos del lado católico. El Padre Gabriel Funes, jesuita, ex director del "Observatorio Vaticano" que es el observatorio astronómico de la Iglesia Católica, afirmó al respecto que "La Iglesia no tiene teoría y no tiene una posición sobre el principio antrópico, sino que permanece abierta a lo que la ciencia será capaz de descubrir". No se conocen pronunciamientos del actual director, el hermano Guy Joseph Consolmagno.

John David Barrow y Frank Tipler.

Los físicos J. Barrow y F. Triple publicaron en 1986, en Estados Unidos, el volumen "El principio cosmológico antrópico" en el que no sólo tratan extensamente la teoría, sino que proponen un estudio significativo de la misma.

Los dos autores describen extensamente la base conceptual del Principio: si no hubiera un número alarmante de coincidencias extraordinarias en la forma de leyes físicas y en los valores de las constantes de la naturaleza, la bioquímica, la vida y la vida inteligente no serían posibles. . Un universo creado por casualidad no permitiría la vida, y ni siquiera los objetos astronómicos ordinarios y la materia ordinaria serían posibles.

A partir de esta observación, llegan a la conclusión de que necesariamente existe un proyecto. En su estudio, el principio antrópico débil, que se limitaba al reconocimiento de hechos, evoluciona hacia el principio fuerte. Barrow escribe en el libro:

> "Tratando de imaginar toda una colección de "otros universos" hipotéticos en los que todas las cantidades que definen la estructura de nuestro universo toman todas las posibles permutaciones de valores, descubriríamos que casi todos estos posibles universos que creamos en el papel nacen muertos. , incapaz de generar el tipo de complejidad química que llamamos "vida". Este descubrimiento llevó a Brandon Carter a sugerir que puede existir, en el universo, algún aspecto metafísico más especulativo, al que llamó "principio antrópico fuerte", para distinguirlo del principio antrópico débil más controvertido. El principio fuerte establece que dado que parece haber un número tan grande de "coincidencias" notables y aparentemente desconectadas que conspiran para permitir que la vida sea posible en el universo, esto debe dar lugar a observadores en algún momento de su historia. . "

El "principio antrópico último".

Barrow y Tipler suponen una tercera forma del Principio Antrópico, el "Principio Antrópico Último", según el cual "Debe necesariamente desarrollarse un procesamiento inteligente de la información en el universo y una vez que aparece, este nunca se extinguirá".

Según los dos estudiosos, un universo con la capacidad de producir vida inteligente no tendría sentido si este universo no durara lo suficiente como para poder desarrollar una especie inteligente.

El "Principio Antrópico Participativo".

John Archibald Wheeler sugiere esta forma del principio antrópico como una alternativa al principio fuerte. Según Wheeler, los observadores son necesarios para la vida del universo, como lo son para su conocimiento; por tanto, el hombre, como observador del universo, participa activamente de su propia existencia.

"Misioneros de la Conciencia"

En 2005 apareció un artículo en el sitio web de SETI (Search for Extra-Terrestrial Intelligence, un programa dedicado a la búsqueda de vida inteligente extraterrestre) titulado "La ecuación de Drake" en el que se ampliaba aún más el principio participativo. Refiriéndose a cualquier mensaje entre los habitantes del cosmos, el artículo afirmaba que "La misión de los remitentes es difundir la Conciencia en el Universo". En otras palabras, quien envía mensajes al universo se convierte en un "misionero de la Conciencia". Difunde "Conciencia", en la forma que conoce, a entidades capaces de beneficiarse de ella.

El principio antrópico y el tiempo.

La ciencia más objetiva no rechaza la razonabilidad de la finalidad antrópica, ya que sería decididamente absurdo que una construcción cósmica tan perfecta derivara del azar y no tuviera finalidad. Siendo así, también se responde a una objeción frecuente: "Si el objetivo es el hombre, que vive sólo en el planeta Tierra, ¿por qué el universo necesita tanto espacio y tanta materia?".

La respuesta es que las constantes que permiten la vida han tardado tiempo y espacio en materializarse. Era necesario que el universo envejeciera y se expandiera para permitir que las estrellas fabricaran los elementos químicos que son la base de la vida en la Tierra, como el carbono. Además, no se excluye la existencia de otros planetas en los que se haya desarrollado la misma vida, así como la posibilidad de que el hombre pueda exportar su civilización a otros planetas y galaxias.

El primer elemento que apareció en el universo fue el hidrógeno, cuyo átomo contiene un solo protón. Unos tres minutos después del Big Bang, la fusión de dos o tres átomos de hidrógeno permitió la formación de helio y litio, que tienen dos y tres protones respectivamente.

Dentro de las estrellas, la fusión de dos átomos de helio produjo berilio. De la fusión de un átomo de berilio y un átomo de helio, nacieron átomos de carbono inestables, que se estabilizaron solo cuando la temperatura en la estrella subió a 100 millones de grados Kelvin. Finalmente, cuando la estrella, al final de su vida, explotó generando una supernova, el carbono y otros metales fueron expulsados al espacio y pasaron a formar otros cuerpos celestes, incluidos los planetas.

Llegados a este punto, habiendo establecido que la vida es esencial para la existencia del universo, y que probablemente el universo es infinito en el espacio y en el tiempo, podemos preguntarnos si la vida también tiene como objetivo volverse infinita en el tiempo y en el espacio. Y sobre todo si ese infinito (inmortalidad) puede referirse a la vida en general entendida como conservación de la especie, o ni siquiera a cada individuo individualmente.

¿Sería posible imaginar seres vivos inmortales?

Ya hemos atribuido la inmortalidad a los componentes esenciales de la materia, los átomos. En el campo biológico, entre los seres vivos podemos referirnos a las bacterias, que por lo general no terminan su existencia con la muerte sino con la escisión. Las bacterias tienen la capacidad de dividirse en dos partes, cada una de las cuales conserva toda la composición genética de la bacteria original. Salvo accidentes, este proceso dura indefinidamente y es fácil calcular que, si una bacteria se descompone cada media hora, en un día es capaz de generar 250 billones de bacterias similares.

Si incluso organismos superiores, como el hombre, alcanzaran la capacidad de dividirse manteniendo la herencia neuronal, es decir, la autoconciencia, prácticamente se volverían inmortales. Esto, por el momento, se considera imposible: de hecho, las bacterias están formadas por una sola célula, mientras que el cuerpo humano incluye miríadas de células especializadas de manera diferente para cada órgano (piel, hígado, etc.) que deben todas. dividir al mismo tiempo.

El Punto Omega de Frank Tipler.

Frank Jennings Tipler (fig. 26), coautor con John Barrow de "El principio antrópico", es un conferencista y escritor estadounidense que enseña física matemática en la Universidad de Tulane en Nueva Orleans. La mayoría de sus estudios se han centrado en la física de los viajes en el tiempo.

También es conocido por ser el autor de la teoría del "Punto Omega", que en realidad retoma la teoría homónima desarrollada previamente por el científico jesuita francés Pierre Teilhard de Chardin.

Tipler intenta estudiar el destino final del universo de manera similar a lo que hace Isaac Asimov en su novela "La última pregunta". En su proposición, que se basa en hipótesis razonables y adecuadas para sustentarla, parte del concepto de "progreso eterno" para hipotetizar la existencia futura de un Dios, es decir, un hombre o extraterrestre que se ha vuelto inmortal, asemejándose al superhombre de Nietzsche. También plantea la hipótesis de la resurrección de los muertos por computadora y "carga mental". Esta técnica permitiría la recuperación y transferencia del patrimonio mental de un individuo del cuerpo viejo a uno nuevo, o al cuerpo resucitado de entre los muertos.

Además, Tipler plantea la hipótesis de que, gracias a una supercomputadora, el universo podría doblegarse a los deseos de la humanidad, actuando incluso sobre el tiempo ya transcurrido; de esta manera sería posible reconstruir hechos, mundos y personas del pasado, con una técnica de eterno retorno guiado.

De hecho, Tipler propone una perspectiva ligada al transhumanismo, un movimiento cultural que aboga por el uso de la ciencia y la tecnología para aumentar las capacidades físicas y mentales y mejorar todos los aspectos indeseables o nocivos de la condición humana, como la enfermedad y el envejecimiento, hasta un punto posible transformación que iría más allá de la condición humana.

Las tesis de Tipler, como era de esperar, han suscitado mucha controversia en el mundo científico. En una reseña del libro de Tipler "La física de la inmortalidad", el físico sudafricano George Ellis llama a la teoría del Punto Omega "una obra maestra de la pseudociencia".

Otros científicos, como el físico David Deutsch de la Universidad de Oxford, consideran consistentes los argumentos de Tipler. En su libro "El Tejido de la Realidad" Deutsch, exponiendo su Teoría del Todo, incorpora el Punto Omega de Tipler.

En el centro espiritual del universo.

En resumen, podemos decir que estamos aquí por el universo y el universo está aquí por nosotros. El Principio Antrópico está reconfigurando el pensamiento científico moderno. Esto comenzó con Copérnico y su descubrimiento de que la Tierra y los planetas giran alrededor del Sol; con ello había subvertido el pensamiento aristotélico que situaba a la Tierra y al hombre en el centro geográfico del universo.

Los desarrollos en la física moderna están dando un nuevo giro. Esta vez el hombre, aunque ya no es el centro geográfico como acertadamente demostró Copérnico, se afirma firmemente como centro espiritual o psíquico.

Segunda parte. las confirmaciones.

Pero ¿qué es la materia?

"La física moderna, por lo tanto, representa la materia no como pasiva e inerte, sino en un continuo baile y estado de vibración, cuyas figuras rítmicas están determinadas por estructuras moleculares, atómicas y nucleares. Así es también como los místicos orientales ven el mundo material. Todos enfatizan que el universo debe ser captado en su dinamismo mientras se mueve, vibra y baila; que la naturaleza no está en equilibrio estático sino dinámico."

(Fritjof Capra, físico y ensayista)

Buscando evidencia.

En la primera parte del libro presenté muchas teorías elaboradas y propuestas por científicos, basadas en el pensamiento, la filosofía y la deducción lógica pero no respaldadas por ninguna evidencia experimental reconocida por la comunidad acreditada. Un primer paso importante para dar dignidad científica a todas las hipótesis discutidas consistiría en establecer un vínculo comprobable entre el nivel físico de funcionamiento de la materia y un nivel "espiritual", es decir, no determinista.

En el nivel de nuestra experiencia, que es absolutamente determinista, es difícil encontrar conexiones no materiales: una mesa o una silla son piezas de madera o de metal y no inspiran, según nuestros sentidos, implicaciones psíquicas o metafísicas.

Este ya no es el caso, sin embargo, cuando entramos en el nivel extremadamente pequeño, observando el comportamiento de las partículas elementales. Cuando finalmente, en las últimas décadas, el hombre pudo penetrar en la realidad subatómica, la naturaleza le reservó increíbles sorpresas de las que se puede deducir la existencia de un nivel exclusivamente psíquico, hecho no de materia sino de energía e información inteligente.

Esta segunda parte del libro estará dedicada a explorar el maravilloso mundo de las partículas subatómicas.

Albert Einstein introdujo el concepto de relatividad en la física. Muchas certezas, derivadas de nuestra forma de entender el mundo, se han derrumbado cuando aprendemos que el tiempo y el espacio son conceptos relativos y pueden tener diferentes valores según las condiciones. La "paradoja de los gemelos" es paradigmática: uno de los dos se sube a una nave espacial y viaja por el espacio durante muchos años, a una velocidad cercana a la de la luz. Cuando regresa a casa, descubre que el tiempo ha pasado mucho más lento para él que para las personas que quedan en la Tierra y muchas de estas, que tenían la misma edad que él, ya están muertas: su propio gemelo es muchos años mayor.

Ante esta evidencia científica, no debería sorprendernos encontrar que la materia también es relativa. A nivel macroscópico o área mediana en la que vivimos, generalmente aparece bien definido: se pueden determinar sus límites, se puede pesar y medir, se puede establecer su grado de dureza o maleabilidad. Si no, estaríamos en problemas todos los días. Estas propiedades de la materia permanecen inalterables incluso a nivel astronómico, y las leyes físicas relativas a la mesa de nuestra cocina también se aplican al último planeta de una galaxia lejana.

Sin embargo, a nivel subatómico, es decir, en lo minúsculo, las cosas cambian y la materia se convierte en algo muy poco claro con respecto a su verdadera esencia. El nivel subatómico es el de las partículas elementales, que son los componentes internos del átomo.

Filosofía y misticismo de la física.

La filosofía de la física estudia los aspectos lógicos y metafísicos de conceptos como energía, tiempo, espacio y materia. Está particularmente interesada en temas de causalidad y determinismo.

Por supuesto, la filosofía se ha interesado por la física cuántica desde su nacimiento, debido a su capacidad para socavar aspectos fundamentales de la tradición científica, como el concepto de medida, que fue abruptamente reemplazado por el de incertidumbre.

La operación de la medida a nivel subatómico se vuelve imposible, ya que se realiza sobre elementos tan pequeños que son perturbados por la propia medida. En consecuencia, los átomos no se pueden observar directamente, ni siquiera con el microscopio más potente, sino solo "teorizar".

Con ello se sanciona el fracaso del determinismo tan querido por Pierre Simon Laplace y se anuncia el nacimiento de nuevos valores como el probabilismo y el indeterminismo.

El indeterminismo es una actitud filosófica, encabezada por el astrónomo inglés Arthur Eddington, quien admite la acción del azar en el delineamiento de la voluntad o la realidad, es decir, admite que las cosas también pueden ocurrir por azar, sin motivo aparente, y no sólo como un producto de causa y efecto. La noción de indeterminismo tiene una definición clara:

> "El estado presente del sistema físico no es completamente definible, o muchos posibles estados futuros pueden corresponder al mismo estado presente completamente definido, solo uno de los cuales se realizará".

Entre los defensores del indeterminismo se encuentran los más grandes físicos de nuestro tiempo: Werner Karl Heisenberg, Niels Bohr, Arthur Compton, Pascual Jordan, Hans Reichenbach, Robert Millikan, Georges Lemaître y otros.

La física cuántica parte del rigor determinista y nos conduce a una concepción del cosmos sustancialmente mística, basada en elementos que recuerdan un posible componente espiritual junto al material. Pensar la realidad de las cosas se remonta a hace más de dos milenios, a las intuiciones de los primeros filósofos griegos. Sin embargo, al contrario de lo que sucedía entonces, la visión del cosmos que se perfila hoy no se basa en la intuición sino en experimentos realizados con gran precisión en los mejores laboratorios de física.

Las raíces de toda la ciencia occidental y de la física en particular se encuentran en el siglo VI aC, en un período que no conocía la división entre religión, filosofía y ciencia, entre los sabios de la escuela de Mileto. Sus estudios tenían como objetivo descubrir la constitución real de la materia, que identificaron en el término physiká, de ahí hoy física. La physiká representaba el esfuerzo encaminado a descubrir la esencia de las cosas. Sobre la base de sus suposiciones, los filósofos de Mileto fueron definidos como "ilozoístas", término que significa "aquellos que piensan que la materia es animada". De hecho, no hicieron distinción entre espíritu y materia; es más, ni siquiera tenían un término que definiera la materia, pues para ellos todas las formas de existencia estaban dotadas de vida y espiritualidad. En particular, Tales argumentó que las divinidades estaban presentes en todas las cosas y Anaximandro describió el Cosmos como un solo organismo alimentado por el pneuma.

Posteriormente, Heráclito de Éfeso describió un mundo en constante cambio, un eterno "devenir". Creía que todas las transformaciones del mundo derivan de la acción de los opuestos, y que cada par de opuestos debe ser considerado como una unidad, a la que dio el nombre de Logos. De los opuestos de Heráclito se originaron corrientes de pensamiento que llevaron a la separación entre espíritu y materia.

Parménides de Elea, en marcado contraste con el eterno devenir de Heráclito, llamó a su principio fundamental "Ser inmutable", y argumentó que todo cambio era pura ilusión de los sentidos. De su pensamiento nació la idea de una sustancia indestructible colocada en la base de las propiedades de las cosas cambiantes.

Del contraste entre "eterno devenir" y "Ser inmutable" se desarrolló un pensamiento que contemplaba al "Ser" como presente en ciertas sustancias invariables que, sin embargo, mezclándose y separándose, daban lugar a cambios y formas diferentes. De ahí nació el concepto de átomo, como la parte indivisible más pequeña de la materia que, sin embargo, es la base de todo a pesar de todas las diferencias aparentes. De hecho, hoy sabemos que todas las cosas están hechas de átomos.

Los atomistas, incluido Demócrito, definieron una clara separación entre el espíritu y la materia e imaginaron a esta como compuesta por “ladrillos fundamentales”, es decir, partículas completamente pasivas e inertes que se movían en el vacío, y cuyo movimiento podía deberse a fuerzas externas, fuerzas de origen espiritual, no material.

Esta imagen pasó entonces a ser predominante en el pensamiento occidental, dando lugar al dualismo entre cuerpo y alma.

Aristóteles, en su creencia de que los problemas del alma eran más importantes que los del mundo material, creó un patrón de pensamiento que sería la base de la concepción del universo en todo Occidente durante casi dos mil años. El cristianismo también apoyó las doctrinas aristotélicas durante la Edad Media.

En el Renacimiento se afrontó por primera vez el estudio de la naturaleza utilizando metodologías científicas, es decir, aplicando experimentos controlados a hipótesis teóricas. Galileo Galilei fue el primero en seguir este camino y por ello es considerado el padre de la ciencia moderna.

El nacimiento de la ciencia moderna estuvo acompañado por el desarrollo del pensamiento filosófico que acentuó el dualismo "espíritu-materia". En el siglo VIII, René Descartes describió una naturaleza fundada en la separación fundamental entre dos realidades distintas e independientes, la mente (res cogitans) y la materia (res extensa). La separación cartesiana permitió al mundo científico considerar la materia como algo inerte y completamente distinto de sí mismo, y condujo a una representación del mundo similar a una acumulación de diferentes objetos, objetos que conforman una inmensa máquina sin vida.

El carro del rey Milinda.

La Milindapañha es un texto budista compuesto en forma de diálogo filosófico, ambientado en la ciudad de Sāgalā, la actual Siyālkoṭ. El diálogo tiene lugar entre el monje Nagasena y Milinda, históricamente identificable con el gobernante indo-griego Menandro I, que reinó en Punjab entre 155 y 130 a. acerca de.

> “El rey Milinda fue hasta donde estaba el monje Nagasena y, después de haberlo saludado cortés y amablemente, le preguntó:
>
> "¿Cómo eres conocido y cuál es tu nombre?"
>
> Nagasena respondió: "Soy conocido como Nagasena, oh rey, y con ese nombre se dirigen a mí mis hermanos y mis padres".
>
> "Me dijiste que tus hermanos solían referirse a ti como Nagasena. Ahora, ¿qué es exactamente Nagasena? ¿Quieres decir que el cabello es Nagasena?"
>
> "No estoy diciendo eso, gran rey".
>
> "¿O vello corporal?"
>
> "Ciertamente no."

"¿Tal vez Nagasena son las uñas, los dientes, la piel, la carne, los nervios, los huesos, la médula? ¿Alguna o todas estas cosas son Nagasena?"

A cada una de estas preguntas el monje respondió que no.

"¿Entonces la forma externa es Nagasena? ¿Son las sensaciones o las percepciones o la conciencia Nagasena?"

A cada una de estas hipótesis respondió que no.

"Entonces, Nagasena es un sonido vacío y vano. ¿Quién es Nagasena que veo frente a mí? ¡Nagasen es una mentira, un engaño!"

Entonces el monje Nagasena le dijo al Rey Milinda:

"Usted, Majestad, creció en el lujo. Si camina sobre terreno pedregoso o arenoso, sus pies sentirán dolor. Así que te pregunto: ¿Cómo llegaste aquí? ¿Viniste a pie o en una carreta?".

"No vine a pie. Vine en un vagón".

"Entonces, si viniste en un carro, Majestad, explícame qué es un carro. ¿Son los caballos el carro?".

"Yo no dije esto."

"¿Es el carro el eje de las ruedas?"

"Por supuesto no."

"¿Quizás el carro son las ruedas o las cuerdas o el marco o el yugo o los radios de las ruedas?"

A todas estas preguntas Milinda respondió que no.

"¿Pero tal vez el carro es algo diferente de lo que he mencionado? "

Milinda volvió a responder que no.

"Entonces," carro "es un sonido vacío y vano. ¿En qué carro hubieras venido? ¡Lo que has dicho es mentira! ¿Por qué dices cosas falsas?"

> Entonces Nagasena llamó a los griegos y a los monjes como testigos, diciendo:
>
> "El rey Milinda dijo que vino en un carro. Pero cuando le pedí que me explicara qué es un carro, no pudo hacerlo".
>
> Los griegos y los monjes aplaudieron y dijeron al rey:
>
> "¡Ahora, Majestad, responda si puede!"
>
> Milinda el rey respondió a Nagasena, diciendo:
>
> "No he dicho ninguna mentira, venerable señor. El conjunto que consta de los caballos, el eje, las ruedas, el armazón, las cuerdas, el yugo, los radios y el aguijón, indica la designación común de carro.
>
> "¡Muy bien! - Dijo Nagasena. Entiendes exactamente el significado de carro. Asimismo, es el conjunto de cabello, uñas, dientes, percepciones, sentimientos y conciencia lo que indica Nagasena."

Entonces, ¿qué es el carro en realidad? Los materialistas dirían que no hay carro sin las partes individuales. Las partes son el todo, y el carro existe sólo como un hecho accesorio, un epifenómeno cuya presencia o ausencia no afecta la existencia de las partes. El hecho de que las partes, en su conjunto, vayan a constituir un carro, es completamente casual.

Desde un punto de vista más espiritual, diríamos que las partes individuales adquieren un significado solo cuando, combinadas con la inteligencia, dan forma al carro, al propio Nagasena y a todo lo que existe en el universo. Sin embargo, cada conjunto de piezas lógicamente ensamblado requiere de un diseño inteligente que va mucho más allá de la inercia de los materiales que lo componen.

La separación de Descartes.

La visión mecánica del mundo fue respaldada por Isaac Newton, quien la utilizó para construir su ciencia mecanicista sentando las bases de la física clásica. La visión newtoniana dominó el mundo desde mediados del siglo XVII hasta finales del siglo XIX.

La filosofía de Descartes no solo fue importante para el desarrollo de la física clásica, sino que tuvo un gran impacto en el pensamiento occidental.

Su famosa frase "Cogito ergo sum" (Pienso luego existo) hizo que el hombre se identificara más con su propia mente que con su cuerpo. En consecuencia, el hombre es consciente de sí mismo como un "otro" que vive dentro de su propio cuerpo. La mente, separada del cuerpo, recibe la tarea de controlarlo; esto provoca un conflicto entre la voluntad y los instintos.

Esta separación del propio cuerpo se extiende al mundo exterior, visto como un conjunto de objetos y eventos separados. El entorno natural está formado por partes que se pueden agrupar en grupos de interés (árboles, estrellas, minerales o, de hecho, el carro del rey Milinda).

La sociedad también se divide en razas, naciones, pueblos, religiones y grupos políticos, y nuestro círculo íntimo se divide entre "mi condominio, mis parientes, mis amigos, compañeros de trabajo, los que tienen la misma afición, los clientes de mi supermercado". Estas divisiones están en la raíz de todas las crisis sociales y culturales y han provocado ese desorden y esa injusta distribución de los recursos que muchas veces desemboca en violencia y guerra.

El pensamiento cartesiano ha traído beneficios y perjuicios; se le debe atribuir el haber introducido la separación a nivel científico, mientras que en cuanto a los males sociales es evidente que existían mucho antes de Descartes, a quien por lo tanto no se le debe atribuir la culpa sino la claridad de haber destacado la separación entre espíritu y materia como el origen de tales problemas.

Es interesante notar cómo la ciencia moderna, nacida de la separación cartesiana y de la concepción mecanicista de Newton, está repensando estos conceptos y está volviendo a la idea expresada por las primeras filosofías griegas, la de un cosmos basado en la cooperación del espíritu y la materia.

¿Por qué hay algo en lugar de nada?

La ciencia a menudo cuestiona "cómo" suceden las cosas. También pregunta "por qué" ocurren, pero con mucha menos frecuencia. De hecho, las creencias deterministas presuponen que el "por qué" se da por sentado y puede encontrarse lógicamente en una sucesión de causas y efectos. "Algo" provoca "algo más", y basta reconstruir todos los pasos para llegar a comprender el origen del fenómeno. Por lo tanto, el "por qué" está implícito en el "cómo", es decir, no hay por qué.

Este discurso se vuelve impráctico cuando hablamos del primer nacimiento del universo porque, si consideramos el momento anterior a su existencia, en ese momento no operaba ninguna causa que iniciara la cadena de efectos. Por lo tanto, en este nivel ambas preguntas, sobre cómo y por qué, quedan sin respuesta.

Las ciencias que tratan de resolver este problema son la cosmología y la física. El estudio del cosmos ha demostrado que se encuentra en una fase de expansión, porque continúa extendiéndose en el espacio. Partiendo de las condiciones actuales y simulando un camino hacia atrás, es decir una contracción, llegamos al punto donde la densidad de la materia y su temperatura se vuelven infinitas, una situación imposible. Por lo tanto, se puede suponer que el universo comenzó en un momento específico, ubicado entre el momento actual y un momento en el pasado ubicado temporalmente antes de que las condiciones, retrocediendo nuevamente, se hicieran imposibles.

Habría habido un momento preciso en que la expansión habría comenzado y el universo habría "nacido". Esto, sin embargo, puede proporcionarnos información sobre cómo, pero no explica por qué.

Hay muchas tradiciones culturales y religiosas que intentan dar respuestas. Los estudiosos de la Biblia han debatido durante mucho tiempo si la creación utilizó materia inerte preexistente o tuvo lugar de la nada. Tanto la exégesis judía antigua como Filón, en la tradición helenística, coinciden en sostener la creatio ex-nihilo (de la nada), hipótesis que aún hoy sostiene el cristianismo.

En muchos otros casos, se propone un universo que se remodela a partir de una situación inicial de caos, o de un vacío desestructurado.

A veces el universo puede brotar de un útero primordial, o puede nacer de un óvulo preexistente.

También hay tradiciones según las cuales el universo habría existido siempre, según una concepción del tiempo inspirada en las civilizaciones agrícolas, según la cual todo estaría sujeto a un ciclo perpetuo de muerte y renacimiento.

En la mayoría de las hipótesis consideradas, excluida la bíblica, se da por sentada la preexistencia de una materia, aunque sea en forma de caos, útero u óvulo, y no se pregunta de dónde procede. Sin embargo, no todas las tradiciones explican cómo podría haber ocurrido el proceso de transición de la nada a algo, excepto por un acto creativo divino.

Todo comienza con el Big Bang.

El Big Bang es un modelo cosmológico basado en la idea de que el universo comenzó a expandirse a una velocidad muy alta en un momento definible con precisión en el pasado y que este proceso continúa hasta el día de hoy.

Es la idea predominante en la comunidad científica actual, pues ha tenido confirmaciones basadas en evidencias y observaciones astronómicas.

En particular, el hecho de que los elementos ligeros como el hidrógeno y el helio sean particularmente abundantes de acuerdo con los valores predichos juega a favor de la teoría del Big Bang; otra confirmación proviene de la existencia de la radiación cósmica de fondo, con un espectro coherente con respecto a lo esperado. Estas y otras adquisiciones experimentales han convencido a la mayoría de los científicos de que un evento similar al Big Bang tuvo lugar hace unos 14 mil millones de años.

Cuando se propuso, la aceptación de la idea no se dio por sentada ni tranquila. El Big Bang presupuso la creación de toda la energía y de toda la materia (que en realidad es una forma diferente de energía) en un acto inicial, más o menos como argumentaron Descartes y Newton y como argumentaron quienes vieron en la aparición del universo la intervención creativa. de Dios.

Esta circunstancia produjo como resultado que la comunidad científica fuera muy reticente a aceptar la teoría. En cambio, la Iglesia Católica, con el Papa Pío XII, lo aceptó plenamente en un discurso que pronunció el jueves 22 de noviembre de 1951 en la Academia Pontificia de las Ciencias:

> "Dos preguntas vienen a la mente de manera tan espontánea: ¿la ciencia es capaz de decir cuándo tuvo lugar este poderoso comienzo del cosmos? ¿Y cuál era el estado inicial y primitivo del universo? Los más excelentes expertos en física del átomo, en colaboración con astrónomos y astrofísicos, han tratado de arrojar luz sobre estos dos arduos, pero sumamente interesantes problemas. (...).
>
> Es innegable que una mente iluminada y enriquecida por el conocimiento científico moderno, que evalúa serenamente este problema, es llevada a romper el círculo de una materia completamente independiente y autóctona, ya sea porque es increada, o porque es creada por sí misma, y a volver a un Espíritu Creador. Con la misma mirada clara y crítica, con que examina y juzga los hechos, una mente iluminada vislumbra y reconoce la obra de la omnipotencia creadora, cuya virtud, movida por el poderoso "Fiat" pronunciado hace miles de millones de años por el Espíritu Creador, se despliega En el universo ,. Con un gesto de amor, una materia exuberante de energía fue llamada a existir.

Figura 27- Niels Bohr, físico danés e iniciador de la Escuela de Copenhague. En los años posteriores a 1920 perfeccionó el modelo clásico del átomo y recibió el Premio Nobel en 1922..

> Realmente parece que la ciencia actual, retrocediendo repentinamente a millones de siglos, ha logrado dar testimonio de ese "Fiat lux" primordial, cuando un mar de luz y radiación irrumpió de la nada con la materia, mientras que las partículas de los elementos químicos se divididos y reunidos en millones de galaxias". (Pío XII)

La teoría del Big Bang contenía implicaciones teológicas por las que fue rechazada y opuesta, a veces solo porque la Iglesia la apoyaba. Algunos físicos de renombre adelantaron la hipótesis de que esta teoría formaba parte de un complot urdido por la propia Iglesia. El astrónomo Fred Hoyle condenó el Big Bang calificándolo de modelo construido sobre cimientos judeocristianos y formuló la hipótesis alternativa del universo estacionario, donde la creación de nueva materia ocurre continuamente; esta teoría, sin embargo, ha sido abandonada durante algún tiempo porque habría predicho el nacimiento de galaxias en movimiento entre las ya existentes, algo no verificado: no hay galaxias jóvenes posicionadas entre las viejas. Las galaxias más jóvenes, es decir, las nacidas antes, son las más lejanas de acuerdo con la expansión del universo que continúa después de un acto creativo inicial.

Hoy en día la teoría del Big Bang es aceptada por la mayoría absoluta de la comunidad científica, sin aceptar obviamente la idea de que el momento creativo inicial se originó a partir de una voluntad divina.

El átomo y su representación clásica.

El átomo (del griego atomos, indivisible) es una estructura básica de la materia; de hecho, toda la materia está formada por unidades elementales llamadas átomos. Esto se aplica a la materia en estado sólido, líquido y gaseoso. Cabe señalar que esta afirmación es difícil de conectar con el estado de plasma, donde los valores particularmente altos de presión y temperatura impiden la formación de átomos. El átomo era considerado la unidad más pequeña e indivisible de la materia hasta que, en 1897, Joseph Thompson anunció el descubrimiento del electrón, demostrando que el átomo en realidad es divisible.

Hoy sabemos que los átomos están formados por elementos subatómicos como los protones (con carga positiva), los neutrones (sin carga) y los electrones (con carga negativa). Los átomos forman moléculas al agregarse en niveles más altos.

El último modelo clásico de la estructura del átomo es el desarrollado en 1913 por Niels Bohr, que sigue vigente hoy en día sin variaciones sustanciales.

Según este modelo, el átomo consta de un núcleo, alrededor del cual giran los electrones. El núcleo a su vez está formado por dos tipos de partículas, los protones y los neutrones. Los protones tienen carga eléctrica positiva, mientras que los neutrones tienen carga eléctrica neutra. Los electrones, en cambio, tienen carga eléctrica negativa y se mueven en el espacio exterior que rodea al núcleo, equilibrando su atracción con la energía de rotación, así como la rotación de la Luna equilibra la atracción de la Tierra. En general, el átomo es eléctricamente neutro ya que el número de protones (número atómico) y el de electrones es el mismo. En la naturaleza, los átomos se diferencian entre sí por el número de protones presentes en el núcleo: la suma de protones y neutrones se denomina número másico.

Actualmente el estudio del núcleo atómico y sus componentes está ligado al desarrollo de la física de partículas; en los últimos años se ha podido definir con mayor precisión la estructura del núcleo, especialmente con los experimentos realizados en aceleradores. Según el modelo estándar de partículas, los protones y los neutrones están formados por quarks.

Para hacerse una idea del tamaño de un átomo pueden ser útiles estas comparaciones:

- el diámetro de un cabello humano corresponde a cerca de un millón de átomos de carbono dispuestos en fila;

- si una naranja tuviera el tamaño del planeta Tierra (unos 12.700 km de diámetro) sus átomos serían aproximadamente del tamaño de la naranja original (unos 10 cm de diámetro).

También es importante señalar que el átomo está esencialmente vacío. De hecho, si el núcleo de un átomo tuviera un diámetro de 3-4 milímetros, su electrón más externo rotaría a una distancia de unos cien metros.

La representación estática del átomo que acabamos de exponer es una hipótesis de trabajo válida pero la física cuántica está demostrando que en el nivel subatómico hay más probabilidades que certezas. Una certeza que ciertamente ha sido desacreditada es que las partículas son "pedacitos de materia", aunque sean muy pequeños. Nada más cuestionable.

Física cuántica.

La física cuántica es la teoría que describe el comportamiento de la materia y la radiación, así como las interacciones recíprocas, en las muy pequeñas escalas de longitud o energía, propias de los átomos.

A fines del siglo XIX, la física clásica parecía incapaz de describir el comportamiento de la materia y la radiación electromagnética a nivel microscópico, es decir, en las dimensiones iguales o menores que las de un átomo, o en energías relativas a los enlaces internos de los átomos. . Por tanto, a principios del siglo XX se hizo evidente que era necesario el nacimiento de una nueva física, completamente diferente a la clásica desarrollada hasta entonces.

Así nació la teoría cuántica, también llamada física cuántica o mecánica cuántica. Esta rama de la física fue introducida inicialmente por Max Planck y se basa en que algunas magnitudes o magnitudes a nivel microscópico, como la energía o el "momento angular", no pueden variar linealmente, sino solo por valores discretos, llamados "quanta".

Además de las partículas constitutivas de los componentes principales del átomo, es decir, los protones, los neutrones y los electrones, existen muchas otras, y casi se podría decir que cada día se descubre una nueva. Una partícula que nos interesa de manera particular es el fotón, que es el cuanto de luz: la partícula que hace que las estrellas brillen y que el sol brille.

El concepto de "cuánto" es bastante curioso y fue aceptado con mucha dificultad por los científicos de los siglos XIX y XX.

En nuestro nivel macroscópico, consideramos natural el concepto de que todas las cantidades pueden tomar un conjunto continuo de valores. Por ejemplo, además del kilo también consideramos el quintal y la tonelada, así como el hectogramo, el gramo, el miligramo y así sucesivamente, por lo que resulta natural que un objeto pueda pesar, por ejemplo, 7 kilos y 356 gramos. , eso es 7365 gramos.

La mecánica cuántica, por el contrario, predice que las diferentes cantidades pueden asumir sólo un determinado conjunto de valores, múltiplos de un valor fundamental que no se puede descomponer. Este valor se denomina "cuanto de materia o energía".

Imagina un supermercado donde puedes comprar fruta suelta o barras de mantequilla de 100 gramos. Te será fácil poner 1.365 kilogramos de manzanas en el carro, mientras que en el caso de la mantequilla, solo podrás comprar 100 o 200 o 300 gramos, dependiendo del número de bloques que pongas en el carro. El mundo de las partículas predice que la energía y la materia no están disponibles a granel, sino solo en forma de bloques o ladrillos, que sin embargo se denominan cuantos.

Por lo tanto, en el mundo de las partículas, la energía y la materia, además de no poder reducirse a valores inferiores del "cuántico", están disponibles solo como múltiplos del propio cuántico; cualquiera de sus valores debe corresponder a cantidades enteras de cuantos. Como se comprende fácilmente, el cuanto tiene un valor extremadamente bajo.

En el universo, todo se compone de cuántos, incluso el libro que estás leyendo.

Figura 28 - Albert Einstein, probablemente el físico y matemático más conocido de nuestro tiempo. Desafió las teorías cuánticas de Niels Bohr y la Escuela de Copenhague al idear el experimento EPR para demostrar sus inconsistencias. Las evoluciones posteriores de la investigación en cambio llevaron a su confirmación.

La razón por la que no sientes su "granulosidad" es que los cuantos son tan pequeños que nuestros sentidos no pueden percibirlos, al igual que no percibimos los átomos individuales o incluso las moléculas individuales de una manera distinta.

Uno de los primeros casos estudiados es la cuantización de la energía: por ejemplo, los electrones de un átomo solo pueden tener ciertos valores de energía, por lo que pueden girar alrededor del núcleo solo en ciertas órbitas, no en cualquier órbita. De manera similar, los fotones son los cuantos del campo electromagnético: son paquetes de luz no divisibles.

El átomo cuantizado.

El concepto de "cuántico" es muy importante para el funcionamiento de la materia en lo extremadamente pequeño, es decir, en los átomos, pero en consecuencia también en todo el universo. Para entenderlo mejor, puedo proponer una similitud con algún dispositivo de uso común en la vida cotidiana. Por ejemplo, imaginemos una cocina de gas de tipo tradicional, equipada con placas dispuestas en una superficie y un horno incorporado. Los controles de la cocina están alineados en un panel frontal y consisten en perillas dispensadoras que permiten enviar el gas a los respectivos quemadores.

La mayoría de las perillas se pueden girar linealmente de izquierda a derecha, para bloquear el gas cuando se gira completamente hacia la izquierda, o para enviarlo a la estufa relativa en cantidades crecientes, a medida que se gira hacia la derecha hasta alcanzar el final de carrera, es decir, el máximo permitido. Digamos que la perilla permite un aumento lineal (o continuo) en la cantidad de gas.

Sin embargo, una de las perillas, en particular la del horno, funciona de manera diferente: no puede girar continuamente, sino solo a tirones, permitiendo el flujo de gas en ciertas cantidades, adecuadas para obtener el calor señalado en cada clic con valores. expresado en grados centígrados: 120°C, 180°C, 270°C o valores similares. En este caso el gas no puede aumentar continuamente, sino de forma "discreta": es decir, sólo para cantidades fijas y determinadas.

En verdad, incluso las perillas de la cocina funcionan discretamente. El problema es que las variaciones entre un punto y otro son tan pequeñas que dan la impresión de un aumento o disminución lineal. En pocas palabras, nuestros sentidos no pueden captar las tomas de variación porque son demasiado pequeñas.

En el nivel medio de las dimensiones de la materia, que es aquella en la que vivimos y operan nuestros sentidos, todo nos parece aumentar (o disminuir) de forma lineal. La difusión de la luz al amanecer o al anochecer, el sonido de un coche acercándose o alejándose, el zumbido de una mosca a nuestro alrededor. Sobre esa mosca diríamos todo, pero ciertamente no diríamos que vuela a tirones.

Esto una vez más nos da la medida de cuán engañosos son nuestros sentidos porque, en realidad, nada se mueve linealmente sino que todo lo hace de manera discreta, es decir, por cantidad de energía, o "cuántas".

La diferencia entre nuestro nivel macroscópico y el nivel microscópico de las partículas es que evaluamos los movimientos y las energías como lineales.

Prácticamente, según una convención utilizada en física, un cuerpo material a nivel macroscópico puede estudiarse como un cuerpo continuo, ya que el número muy alto, la cohesión y la interdependencia entre las partículas hacen desaparecer cualquier granularidad.

En cambio, en lo infinitamente pequeño ya no es posible ignorar esta característica porque las dimensiones de los cuerpos subatómicos son sensibles a la granulosidad cuántica.

En conclusión, en mecánica cuántica el cuanto (del latín quantum que significa cantidad) es una cantidad discreta e indivisible. Por extensión, el término se utiliza a veces como sinónimo de "partícula".

La mecánica cuántica fue iniciada principalmente por Niels Bohr, Louis-Victor de Broglie, Paul Dirac, Albert Einstein, Enrico Fermi, Wolfgang Pauli, Erwin Schrödinger, Richard Feynman y Werner Heisenberg.

La intuición de la cuantización de la materia nació en 1900 a partir del trabajo de Max Planck, quien adoptó esta convención para confirmar su teoría relativa a la emisión electromagnética del cuerpo negro. En la práctica, Planck notó que su hipótesis sobre los cuerpos negros solo funcionaría en presencia de energía cuantizada. Sin embargo, Planck se mostró muy reacio a considerar esta posibilidad como real. Aunque fue el primero en teorizar esta realidad, siempre le resultó difícil considerarla válida.

Esta realidad física fue confirmada más tarde por otros eruditos que determinaron el valor del cuanto de energía. Este valor tomó el nombre de constante de Planck, porque sinceramente querían reconocer el trabajo de quienes lo habían adivinado y utilizado primero. La constante de Planck, o magnitud del "cuanto", se denota con la letra h y es 6,6 × 10−34Js, que es un valor inimaginablemente pequeño.

La hipótesis de la estructura granular de la energía mecánica encontró plena y definitiva confirmación en la teoría del calor específico de los sólidos formulada en 1907 por Einstein.

El salto cuántico.

Refiriéndose todavía a la representación tradicional del átomo, es decir, un núcleo rodeado de electrones que giran a su alrededor, podemos dar un paso más para comprender un aspecto relacionado con su funcionamiento que se denomina salto cuántico.

En primer lugar, cabe señalar que los electrones no pueden girar en un régimen de anarquía, sino que deben respetar ciertas reglas. El primero es el Principio de Exclusión de Pauli, que se aplica a los "fermiones", una clase de partículas que incluye protones, neutrones y electrones.

Este principio parte del concepto de que alrededor de un átomo hay solo unas pocas "zonas permitidas", y que dos fermiones idénticos no pueden ocupar simultáneamente la misma zona (o estado cuántico).

Por lo tanto, una órbita puede estar ocupada como máximo por dos electrones, siempre que tengan un "espín" opuesto.

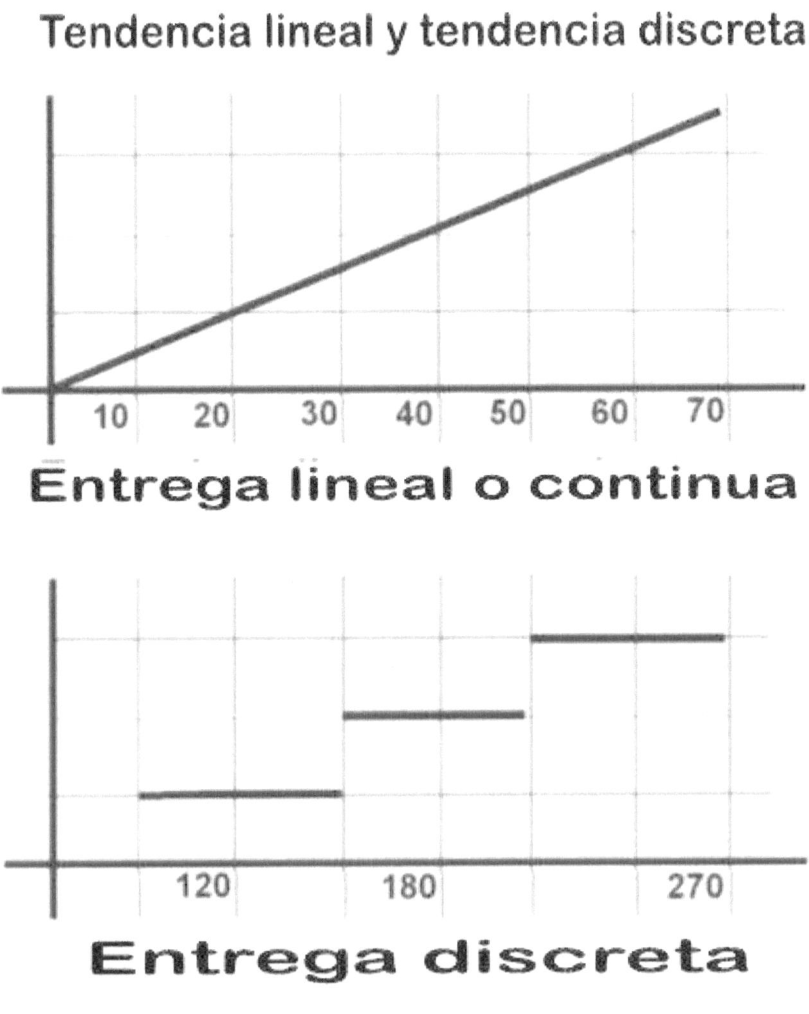

Figura 29. Un curso lineal y un curso discreto.
1 Entrega lineal o continua.
2 Descarga con valores discretos
- La tendencia lineal asume un número (casi) infinito de niveles intermedios. La tendencia discreta, por otro lado, incluye solo algunos aumentos planificados.

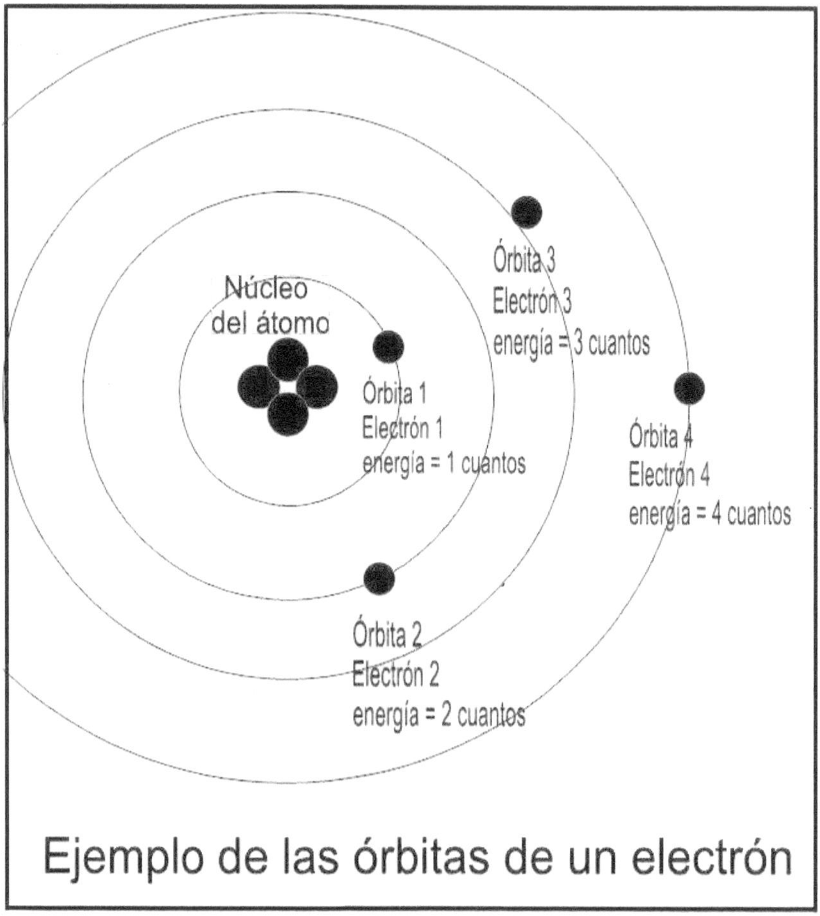

Figura 30 - Ejemplo de ilustración de un átomo con cuatro electrones y cuatro protones. Cada electrón gira en una órbita distinta y tiene una cantidad de energía que se puede medir en cuantos.

1 El electrón en la órbita 1 tiene 1 cuanto de energía.
2 El electrón en la órbita 2 tiene 2 cuantos de energía.
3 El electrón en la órbita 3 tiene 3 cuantos de energía.
4 El electrón en la órbita 4 tiene 4 cuantos de energía.
5 Núcleo del átomo.

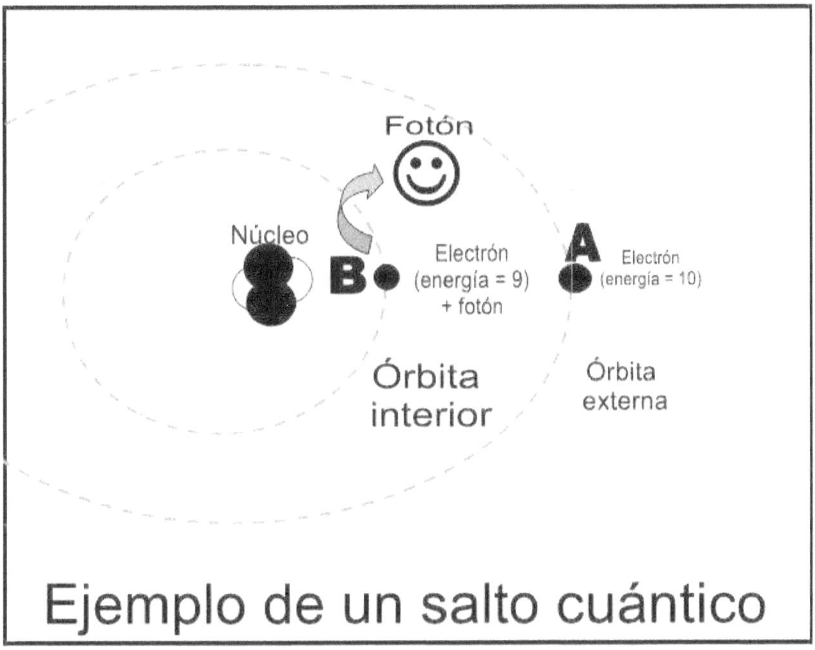

Figura 31 - Ejemplo de un salto cuántico.

A el electrón A colocado en una órbita externa tiene una energía de 10 cuantos.

B El electrón salta a una órbita interior. Aquí necesita una energía más baja (9 cuantos) por lo que cede un cuanto.

C El cuanto liberado se convierte en un fotón.

D Núcleo del átomo.

La segunda condición es que cada órbita no puede estar aleatoriamente distante del núcleo..

Según el modelo atómico propuesto por Niels Bohr, el electrón gira alrededor del núcleo describiendo una órbita circular; cada electrón, que tiene carga negativa, corresponde a una órbita muy específica, ya que debe moverse a una velocidad suficiente para contrarrestar la fuerza eléctrica de atracción que ejerce sobre él el núcleo cargado positivamente. La rotación evita que los electrones sean succionados por el núcleo, pero debe realizarse con una energía proporcional a su distancia.

Cuanto más lejos está un electrón de su núcleo, más energía necesita el electrón; pero debe ser una energía bien equilibrada. La cantidad adecuada de energía debe evitar que el electrón caiga en el núcleo o sea arrastrado fuera del área de influencia del átomo.

Como sabemos que la energía a nivel de electrones se mide en cuantos, entonces las órbitas se pueden colocar solo a la distancia de un cuanto, o múltiplos de un cuanto.

Ningún electrón rotará en una órbita que requiera un valor de energía no entero medido en cuantos.

Por tanto, entre un electrón que gira en una órbita interna (llamémosle E-Interna) y otro que gira en una órbita exterior (llamémosle E-Externa) hay una diferencia de energía: E-Externa necesita más energías que E -interno.

Como ejemplo, podemos decir que si el electrón interior necesita un cuanto de energía, el electrón exterior necesita dos para permanecer en su órbita. No puede haber órbitas que requieran un cuanto y medio, porque el cuanto es la medida más pequeña posible.

En medio de tanto orden debemos considerar que los electrones son bastante ingobernables ya veces, por razones que solo ellos conocen, les gusta saltar de una órbita más externa a una más interna. Entonces, si un electrón que tiene dos cuantos de energía quisiera saltar a una órbita interna (lo que requeriría solo un cuanto de energía), tendría que ceder uno de sus cuantos. ¿Qué sucede con esta energía liberada? Toma la forma de un fotón cuando el electrón hace lo que se llama un "salto cuántico".

La figura 31 representa un salto cuántico. En el punto A, el electrón, colocado en cualquier órbita, tiene una energía igual a 10 cuantos (un valor de ejemplo). En el punto B, el electrón saltó a una órbita interior. Ahora la energía requerida es igual a 9 cuantos, y el cuanto innecesario se ha transferido en forma de fotón: se ha convertido en un cuanto de luz.

Como veremos más adelante, los físicos han explotado esta propiedad estimulando electrones para que den un salto cuántico doble y produzcan dos fotones gemelos o fotones relacionados; el estudio de su comportamiento condujo al descubrimiento del fenómeno llamado entrelazamiento.

La dualidad onda-partícula.

La característica fundamental de la física cuántica es la de poder atribuir a la radiación ya la materia tanto la forma de un fenómeno ondulatorio como la de una entidad corpuscular. Esto contrasta con la física clásica donde, por ejemplo, la luz se describe exclusivamente como una onda y el electrón exclusivamente como una partícula.

Esta propiedad completamente inesperada se llama dualidad onda-partícula. No haberlo considerado constituyó la razón del fracaso de todas las teorías clásicas desarrolladas anteriormente sobre el funcionamiento del átomo. Una característica definitoria de la física cuántica es el principio de complementariedad, según el cual los dos aspectos, onda y partícula, no pueden observarse simultáneamente durante el mismo experimento. Este concepto se formalizó en el principio de incertidumbre de Heisenberg. Heisenberg afirma que no es posible medir simultáneamente y con extrema precisión las propiedades que definen el estado de una partícula elemental. Si, por ejemplo, pudiéramos determinar su posición con absoluta precisión, tendríamos la máxima incertidumbre sobre su velocidad.

El advenimiento de la física cuántica ha causado desconcierto y perturbación en la comunidad científica que vio cuestionados y revolucionados los fundamentos de su concepción del mundo.

El mismo Einstein, cuando tomó conciencia de la nueva realidad de la física cuántica, la llamó "una siniestra acción a distancia".

Como se informa en el libro "Albert Einstein científico y filósofo", en su diario escribió lo siguiente:

> "Todos mis intentos de adaptar los fundamentos teóricos de la física a estas adquisiciones fracasaron. Era como si faltara la tierra bajo nuestros pies, y no se viera por ningún lado un punto fijo sobre el que construir".

Los descubrimientos de la física cuántica hicieron necesario revisar conceptos fundamentales como la materia, el tiempo, el espacio y las relaciones causa-efecto, indispensables para comprender el mundo tal como lo percibimos. Seguramente la necesidad de modificarlos produjo profundas crisis culturales en la comunidad científica. Aún hoy no es posible definir completamente cuál es la visión exacta de la realidad física, si no se examina por separado en diferentes niveles: el de las dimensiones medias, que es nuestro nivel sensible, y el de las dimensiones subatómicas.

El experimento de la doble rendija.

Los logros de la física moderna han provocado
un cambio significativo en nuestra imagen científica
del mundo: han sacudido la validez absoluta
de las leyes naturales y la han transformado en una validez relativa. Las leyes naturales son verdades estadísticas, es decir,
son, por así decirlo,
totalmente válido sólo cuando se trata
de cantidades macrofísicas. En la esfera de las magnitudes mínimas,
en cambio, predecir lo que sucederá se vuelve incierto e imposible,
ya que cantidades muy pequeñas ya no se comportan
de acuerdo con las leyes naturales conocidas.
(Carl Gustav Jung)

Uno de los experimentos más conocidos de la física cuántica (probablemente el más conocido de todos) nos ayudará a comprender mejor la naturaleza de las partículas elementales. El experimento basa su importancia en su antiguo origen: la primera versión fue realizada hace más de dos siglos, en 1801, por Thomas Young. Posteriormente, el experimento mantuvo su dignidad, lo que lo hizo actual en muchas nuevas propuestas posteriores, actualizadas a medida que la tecnología hizo posibles versiones más actuales. Por el momento representa una de las principales claves para comprender la física cuántica y los fenómenos relacionados, incluido el entrelazamiento. Intentaré, por tanto, ilustrar este experimento de forma que resulte fácilmente asimilable para el lector no especialista y evitando las fórmulas matemáticas.

El experimento no es conceptualmente complicado y propondré un ejemplo que, creo, puede ser entendido por cualquiera que, de niño, haya disfrutado tirando piedras a dianas de todo tipo, o arrojándolas al agua para ver la formación de típicas concéntricas. círculos. .

Levanta la mano si nunca has tirado una piedra: y si lo has hecho, prepárate para tirar otras, aunque sean mayores.

El juego consiste en fijar una barrera resistente frente a nosotros, en la que habremos perforado un agujero o hendidura. La hendidura es lo suficientemente grande como para permitir que pase una piedra lanzada en su dirección. Justo detrás de la barrera colocamos una lámina fina para que, al chocar con una piedra, la abolle dejando la marca del impacto.

En este punto se puede realizar el experimento, como se muestra en la figura 34. Situémonos a unos metros de distancia y tiremos tantas piedras como queramos, intentando que pasen por la grieta. Únicamente consideraremos las piedras que atraviesan la grieta y golpean la pantalla del receptor, e ignoramos las que no golpean y son repelidas por la barrera.

Cada piedra que golpea la pantalla del receptor produce una sola abolladura (fig. 34-1).

Figura 32 Thomas Young (Milverton, 13 de junio de 1773 - Londres, 10 de mayo de 1829) fue un científico británico, célebre por sus investigaciones sobre la luz y la mecánica de los sólidos, y por sus contribuciones a la fisiología y la egiptología.

Figura 33. Werner Karl Heisenberg (Würzburg, 5 de diciembre de 1901 - Múnich, 1 de febrero de 1976) fue un físico alemán. Fue uno de los principales artífices de la mecánica cuántica, conocido por haber expuesto el principio de incertidumbre en 1927. Recibió el Premio Nobel de Física en 1932.

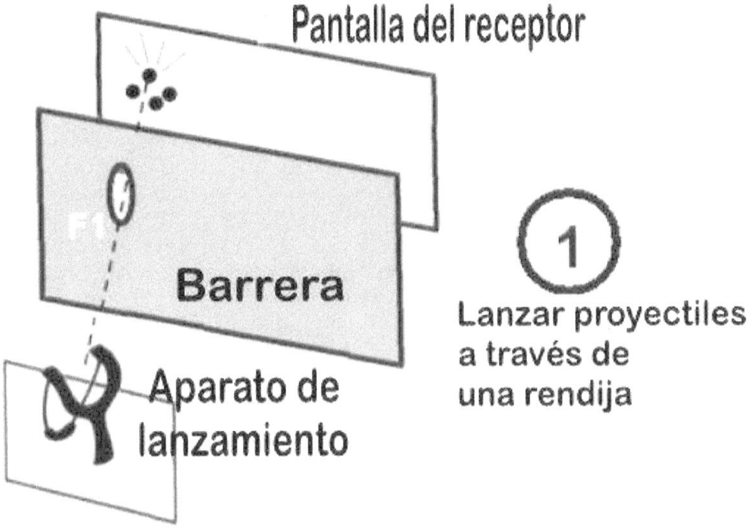
Pantalla del receptor
F1
Barrera
1
Lanzar proyectiles
a través de
una rendija
Aparato de
lanzamiento

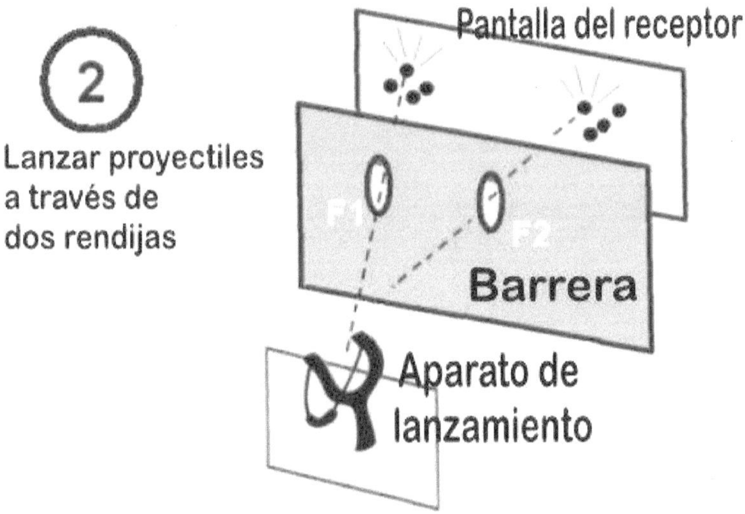
Pantalla del receptor
2
Lanzar proyectiles
a través de
dos rendijas
F1
F2
Barrera
Aparato de
lanzamiento

Figura 34 - Simulación del experimento de doble rendija. 1) Lanzar proyectiles a través de una grieta. 2) Lanzamiento a través de dos rendijas.

1) El lanzamiento se produce a través de una barrera con una hendidura.

A - Dispositivo de lanzamiento

B - barrera

C - Pantalla del receptor

2) El lanzamiento se produce a través de una barrera con dos rendijas.

A - Dispositivo de lanzamiento

B - Barrera

C - Pantalla del receptor.

Figura 35 - Pasando por dos rendijas, la onda produce dos semiondas que, al cruzarse, se suman.

A) Paso de la onda por una rendija.

B) Efecto de superposición que se produce cuando la onda atraviesa dos rendijas.

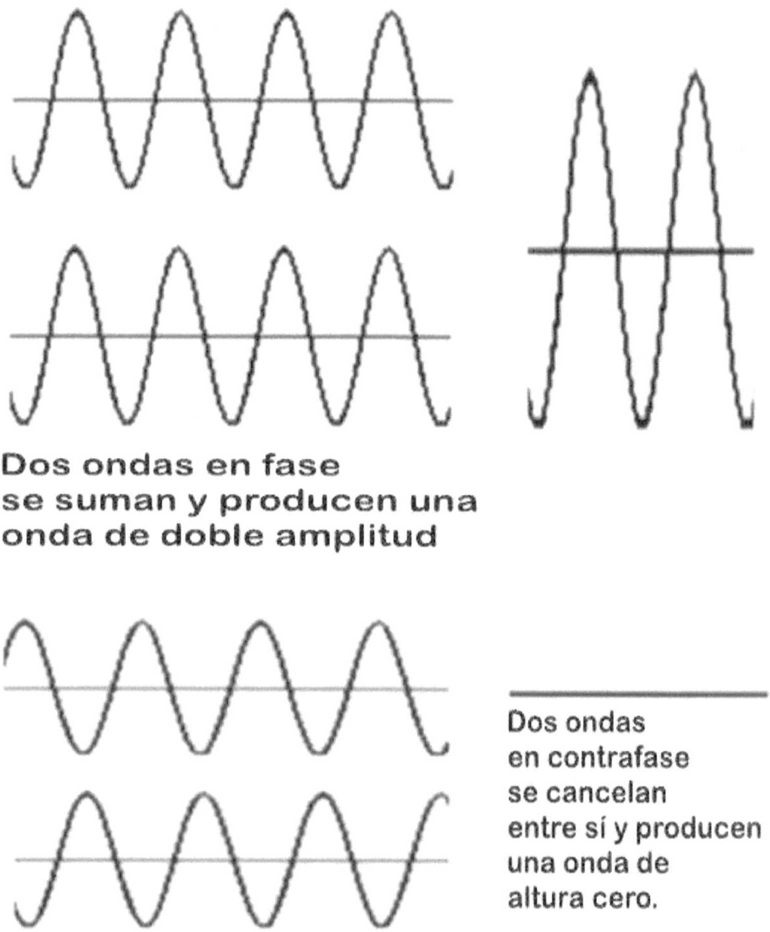

Dos ondas con otras relaciones de fase y frecuencia producen ondas iguales a su suma algebraica

Figura 36 - Suma de ondas con diferentes amplitudes, frecuencias y fases

A) Las dos ondas a1-a2 están en fase. Su amplitud se suma y produce la onda a1 + a2 de doble amplitud.

B) Las dos ondas b1-b2 están en oposición de fase. Su amplitud se suma y produce un resultado negativo, la onda b1 + b2 de amplitud cero.

Si dos ondas no están exactamente en fase o en oposición de fase, producen una onda igual a su suma algebraica.

Si abrimos una segunda rendija en la barrera (fig. 34-2), los lanzamientos exitosos pasarán por una u otra rendija, y producirán abolladuras en la pantalla del receptor en correspondencia con la rendija atravesada.

En resumen, en esta parte del experimento podemos entender que la barrera fue atravesada por balas sólidas individuales simplemente observando las abolladuras producidas en la pantalla del receptor. Ahora podemos pasar a la segunda parte de nuestro experimento. Sumergiremos el dispositivo, es decir, la barrera con rendija y la pantalla del receptor, en un recipiente que contenga agua, de forma que la rendija quede semisumergida, como en la Figura 35

Esta vez no tiraremos nuestra piedra directamente hacia la grieta, sino al agua, a cierta distancia por delante de la barrera. La piedra producirá los típicos círculos de agua que todos conocemos; estas se propagarán hacia la barrera, atravesarán la fisura y resurgirán por el lado opuesto, formando nuevas ondas de propagación que serán bloqueadas por la pantalla del receptor..

Ahora imagina abrir una segunda grieta y tirar otra piedra, como en la figura 35.

Los círculos de agua creados por la única piedra, propagándose frente a la barrera, cruzarán ambas grietas. Emergiendo en la parte posterior de la barrera de dos agujeros, producirán dos nuevos círculos de agua. Estos círculos, al expandirse más, interferirán entre sí al sumarse.

De lo dicho hasta ahora podemos sacar algunas conclusiones sencillas:

- Si lanzamos balas hacia la barrera de doble rendija, los proyectiles pasan por una u otra rendija, lo podemos comprobar observando las abolladuras en la pantalla del receptor.
- Si tiramos una piedra al agua hacia la barrera con dos hendiduras, producimos un grupo de círculos de agua. Estos círculos pasan a través de ambas ranuras y producen dos nuevos conjuntos de círculos de agua en la parte posterior del arrecife. Estos dos grupos se unirán y producirán un patrón de interferencia.

Entonces vimos la diferencia entre lanzar una piedra y lanzar una onda: lanzar piedras produce abolladuras, mientras que lanzar ondas de propagación produce figuras de interferencia.

Cuando el científico quiso entender si la luz está hecha de partículas u ondas, alguien imaginó arrojar "destellos de luz" hacia un dispositivo como el que acabamos de describir. El experimento tendía a comprobar qué efectos se producirían en la pantalla del receptor, "abolladuras" o "interferencias".

Thomas Young

Thomas Young fue un científico británico, muy conocido por sus investigaciones sobre la luz y la mecánica de los sólidos, pero también por sus contribuciones a la egiptología. Nació en Milverton el 13 de junio de 1773 y murió en Londres en 1829.

Fue el primero de diez hermanos en una familia cuáquera. Se le describe como un niño prodigio, y ciertamente lo fue. De hecho, a los dos años ya sabía leer. A la edad de seis años ya había aprendido latín y leído la Biblia entera dos veces. Pronto aprendió otros idiomas y a los catorce años conocía, además del griego, el francés, el italiano y el hebreo, y muchas lenguas orientales como el caldeo, el siríaco, el samaritano, el árabe, el persa y el turco.

Young se graduó en física en 1796 en Göttingen, y en 1799 comenzó a trabajar como médico en un estudio en Welbeck Street en Londres. Una placa en la puerta aún hoy recuerda esa colaboración.Mientras tanto, publicaba sus ensayos de forma anónima porque temía repercusiones en su reputación como médico.

En 1802, Young se unió al Consejo de la Royal Society, de la que había sido miembro desde 1794.

En física, Young es bien conocido por su trabajo en el campo de la óptica, ya que fue autor de una investigación sobre el dualismo onda-partícula; a él también se debe el descubrimiento del fenómeno de la interferencia de la luz. De hecho, en 1801 ideó el experimento de la doble rendija.

La diatriba sobre la naturaleza de la luz comenzó cuando Newton la consideró de naturaleza corpuscular. Más tarde esta hipótesis fue cuestionada, por lo que en 1801 Young diseñó y llevó a cabo su famoso experimento. Envió haces de luz hacia una barrera donde se habían perforado dos agujeros, en la pantalla del receptor colocada detrás de la barrera, obtuvo un patrón de interferencia. Por tanto, Young concluyó que la barrera había sido atravesada por ondas y no por corpúsculos, y confirmó la naturaleza ondulatoria de la luz. Pero, ¿la luz es realmente una onda?

Evolución del experimento de la doble rendija.

A principios del siglo XX empezaron a surgir dudas relacionadas con los estudios de Planck sobre los cuerpos negros y sobre algunos aspectos destacados por Einstein respecto al comportamiento del fotón, que se parecía mucho a una partícula si se estudiaba en el efecto fotoeléctrico.

En 1916, el estadounidense Robert Millikan planteó la hipótesis de la existencia del fotón como partícula, como luego se confirmó con el descubrimiento del efecto Compton en 1922. Esto creó un gran problema en la física, ya que la luz parecía tener un misterioso dualismo que la hacía parecer como onda o como partícula en experimentos de diferentes tipos.

En 1924, el físico y matemático francés Louis de Broglie formuló la hipótesis de que no sólo los fotones, sino todos los cuerpos materiales, y en particular todas las partículas, también poseían las propiedades físicas típicas de las ondas. Esta hipótesis pronto encontró confirmación experimental y dio un impulso fundamental al desarrollo de la mecánica cuántica. La prueba experimental de la dualidad onda-partícula fue obtenida en 1927 por Clinton Davisson y Lester Germer, en los Laboratorios Bell de Murray Hill, en el estado de Nueva Jersey de los Estados Unidos de América. Estos científicos dispararon un haz de electrones a un cristal de níquel y observaron patrones de difracción. Esto hizo posible utilizar haces de partículas para realizar experimentos de interferencia con dos rendijas, tal como lo había hecho Young.

Versión moderna del experimento de la doble rendija.

El experimento de la doble rendija se realizó por primera vez en forma moderna usando electrones en 1961, por Claus Jönsson en la Universidad de Tübingen, en Baden-Württemberg en Alemania. Luego fue repetido en 1974 en el Instituto LAMEL del CNR en Bolonia por Pier Giorgio Merli del LAMEL y por Gian Franco Missiroli y Giulio Pozzi, ambos del Departamento de Física de la Universidad de Bolonia.

El Instituto LAMEL contó con un microscopio de última generación, un Siemens Eliskop 101, el cual fue calibrado y adaptado para operar en microscopía electrónica de interferencia.

El microscopio se utilizó como interferómetro y como fuente de electrones que pasaban uno a la vez a través de un prisma electrónico doble para luego enviarlos a una placa fotográfica.

Descripción del experimento con el lanzamiento de un fotón.

Ahora queremos considerar en detalle el experimento en su versión moderna clásica, basada en el lanzamiento de fotones individuales o cuantos de luz. Así que imaginemos un dispositivo capaz de lanzar fotones individuales de uno en uno, una barrera con una o dos rendijas y una pantalla trasera que consiste en un cuarto oscuro que contiene una película fotográfica que quedará impresionada por los fotones recibidos, ya que estos son fuentes de luz. .

El dispositivo en la configuración de una sola rendija se muestra en la Figura 37. No se consideran los fotones que son rechazados por la barrera; las que atraviesan la rendija marcan un punto en la película fotográfica, clara señal de que se han comportado como partículas. Hasta ahora nada extraordinario; los fotones se comportan como nuestras piedras, y el experimento sugiere que los fotones son partículas.

La Figura 38 ilustra el lanzamiento de un solo fotón hacia una barrera con dos rendijas. El signo de interrogación simboliza la pregunta: ¿cuál de las dos rendijas se atravesará?

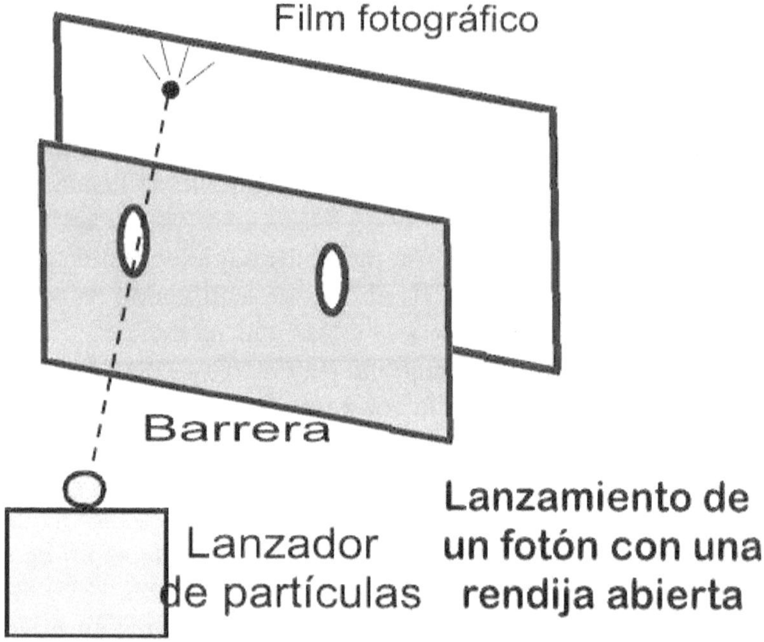

Figura 37 - Lanzamiento de un único fotón hacia una barrera con rendija. El fotón cruza la rendija y corta un punto en la placa fotográfica detrás de él. Por lo tanto, se comporta como una partícula.

A) Dispositivo de lanzamiento

B) Barrera con hendidura

C) Película fotográfica.

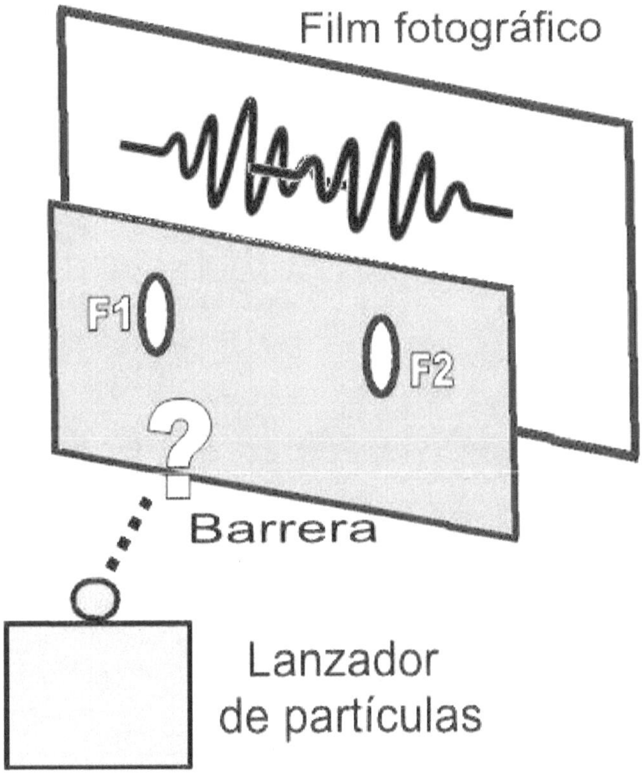

Lanzamiento de un fotón con DOS rendijas abiertas

Figura 38 - Si lanzáramos un solo fotón hacia una barrera con dos rendijas, esta, como partícula, atravesaría sólo una mientras que, como onda, atravesaría ambas.

A) Dispositivo de lanzamiento

B) Barrera con dos rendijas

C) Película fotográfica.

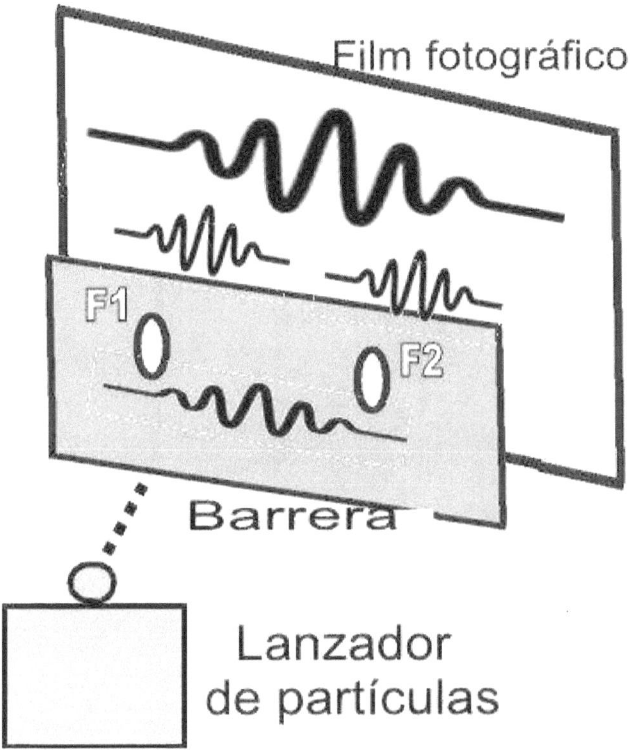

Lanzamiento de un fotón con dos rendijas abiertas.
El fotón se comporta como una onda.

Figura 39 - De hecho, el fotón único, si tiene una sola rendija delante de él, se comporta como una partícula; si tiene dos delante, se comporta como una ola.

A) Dispositivo de lanzamiento
B) Barrera con hendidura
C) Película fotográfica.

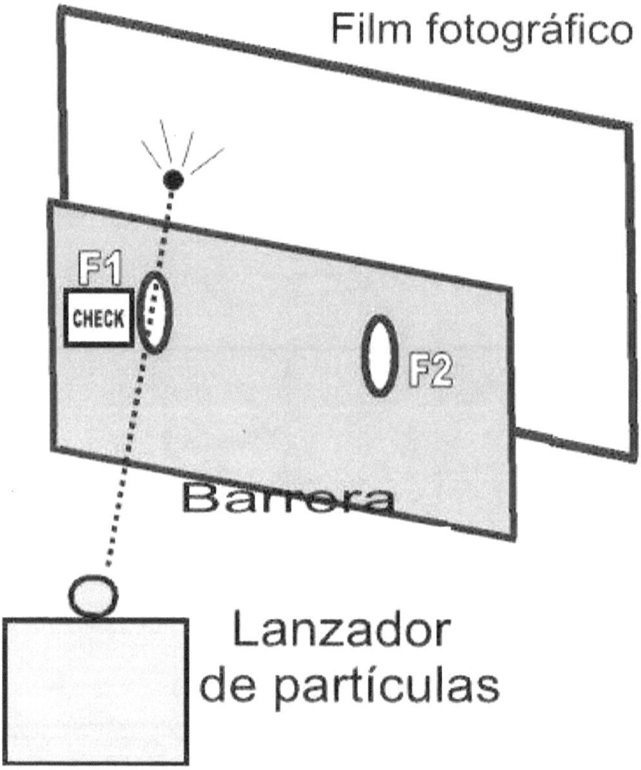

Lanzamiento de un fotón con un DISPOSITIVO DE CONTROL.
El fotón se comporta como una partícula.

Figura 40 - Si lanzamos un fotón contra una barrera con dos rendijas, una de las cuales está equipada con un dispositivo de control para verificar el paso de los fotones, entonces nuestro fotón elige precisamente la rendija controlada y se comporta como una partícula.

A) Dispositivo de lanzamiento
B) Barrera con hendidura
C) Película fotográfica
COMPROBAR) Dispositivo de control.

La respuesta es evidente en la Figura 39: el único fotón ha pasado por ambas rendijas.

De hecho, frente a una sola rendija el fotón se comporta como una partícula, mientras que frente a dos rendijas se comporta como una onda y atraviesa ambas.

En el primer caso, la confirmación viene dada por los puntos luminosos únicos que aparecen en la película fotográfica. En el segundo caso, sobre ésta aparecen barras oscuras y claras, es decir, la figura de interferencia dada por la onda que ha atravesado ambas rendijas, creando dos ondas salientes. Más allá de la barrera, las dos ondas interfieren y se suman algebraicamente. Las barras oscuras o claras representan el resultado (fig. 39).

Una primera consideración que se puede hacer es que los fotones (pero no sólo, la propiedad es común a todas las partículas elementales) se comportan, según los casos, como partículas o como ondas, en el sentido de que son a la vez partículas y ondas. tiempo.

Esto hace posible que un solo fotón pase a través de ambas rendijas al mismo tiempo.

Pero las sorpresas aún no han terminado. Imaginemos que el experimentador decide comprobar el paso del fotón por la rendija, partiendo del principio de que en todo caso el fotón es una partícula, y debe pasar por algún sitio.

Por lo tanto, coloque un instrumento justo más allá de una de las dos rendijas (o ambas) para verificar cuál es atravesada por el fotón (Figura 40).

Bueno, en este caso, es decir, cuando el paso del fotón está controlado por un instrumento, sucede algo increíble, casi como si el fotón se negara a cooperar. Aunque las rendijas abiertas son dos, el fotón solo pasa a través de la equipada con el instrumento y va a imprimir un punto en la pantalla detrás de él. Si se monitorean ambas rendijas, pasa solo por una y aún se comporta como una partícula. Pero si te quitas las herramientas, vuelve a actuar como una ola.

En la práctica, el fotón desafía al experimentador mostrándole que es, para él, un misterio sin solución.

Leon Max Lederman, físico estadounidense, escribe en su libro "Quantum Physics for Poetsi":

> "Parece que un solo electrón, como por arte de magia, pasa a través de las dos rendijas al mismo tiempo si nadie lo observa, ¡mientras elige un posible camino si alguien o algo lo mira! Esto es posible porque los electrones no son ni partículas ni ondas: son otra cosa, completamente nueva. Las partículas son "estados cuánticos".

Hay que decir que la experimentación, inicialmente limitada a partículas elementales, se realizó luego también en cuerpos complejos. En la Universidad de Viena, Anton Zeilinger y sus colegas involucraron "bolas de Bucky" en el experimento. Estas son moléculas formadas por sesenta o más átomos de carbono ensamblados para formar una estructura que se asemeja a un domo geodésico; este arreglo se hizo famoso por el arquitecto estadounidense Richard Buckminster y tomó su nombre. Obviamente, una molécula que comprende sesenta átomos se convierte en una estructura gigantesca en comparación con un solo fotón. A pesar de esto, en el experimento de la doble rendija, utilizando "bolas bucky" en lugar de fotones, se obtuvieron los mismos resultados.

Con esto se ha probado que una molécula de materia puede producir fenómenos ondulatorios como una partícula de energía. Por tanto, estas moléculas de materia también tienen el don de la ubicuidad, es decir, al pasar por ambas rendijas, tienen la capacidad de estar simultáneamente en dos lugares distintos.

¿La bilocación se vuelve plausible?

Será posible en el futuro realizar el experimento en cuerpos más complejos, compuestos por miles de millones de moléculas, ¿cómo podría ser un cuerpo humano? En este caso, habría una confirmación científica de fenómenos controvertidos como la duplicación, la proyección astral, el viaje fuera del cuerpo o la bilocación, es decir, todas las experiencias fuera del cuerpo, también conocidas como OBE y, a veces, OOBE (experiencia fuera del cuerpo) . Son todas experiencias, cuya interpretación sigue siendo controvertida, en las que una persona percibe "salir" de su cuerpo físico, es decir, proyectar su conciencia más allá de los límites corporales; pertenecen al campo de las disciplinas parapsicológicas, las cuales no son reconocidas por el mundo científico y académico, pero están presentes en muchas culturas, tanto occidentales como orientales.

El fenómeno de la bilocación ha sido parte de la tradición védica y budista durante muchos siglos; esta cultura sería capaz de transmitir, a sujetos con una inclinación particular, las bases del conocimiento filosófico y espiritual para permitirles, a través de un largo entrenamiento, la capacidad de bilocación. El conocido filósofo indio Paramahansa Yogananda testifica en sus libros, con gran detalle, episodios que también le conciernen a él mismo.

Robert Allan Monroe es un escritor estadounidense, fundador en 1978 del Instituto homónimo "para la investigación de la conciencia humana". En su libro "Mis viajes fuera del cuerpo" describe las disciplinas orientales y recomienda técnicas preparatorias para la iniciación en el fenómeno. bilocación

En el cristianismo hay muchos testimonios hagiográficos de bilocación referentes, entre otros, a San Antonio de Padua, San Francisco de Asís, San Alfonso María de 'Liguori, San José de Copertino, San Francisco de Paula, San Juan Bosco

Las capacidades precognitivas de las partículas..

Del experimento de la doble rendija podemos sacar conclusiones que dejarán boquiabiertos incluso a los físicos más expertos, y que probablemente se relacionen más con la filosofía de la física que con la física misma.

Imaginemos por un momento que el fotón tiene su propia conciencia y es capaz de "decidir" su comportamiento en las diversas situaciones en las que se ve envuelto.

En la práctica nos preguntamos: cuando se lanza un fotón hacia la barrera, ¿cómo sabe si tendrá una o dos rendijas abiertas?

¿Por qué, de hecho, el fotón debería saber cuántas rendijas hay solo después de cruzar la barrera? Aparentemente, sin embargo, el fotón lo sabe primero. De hecho, el fotón necesita enfrentarse a la barrera en forma de partícula o en forma de onda, antes de haberla atravesado.

No solo; el fotón sabe, antes de pasar por un agujero, si este es monitoreado por un instrumento para verificar su paso. El fotón sabe cuál de los dos agujeros es monitoreado antes de pasar. En los breves momentos de su existencia entre el momento en que se lanza y el momento en que se encuentra con la barrera. el fotón adquiere conocimiento de lo que le espera. Egi sabe si encontrará una grieta o dos, y si están monitoreadas o no.

Dado que el fotón no tiene mente ni conciencia, debemos preguntarnos de dónde viene su capacidad de "saber primero" lo que le espera en su futuro inmediato. El provocativo título de este capítulo, sobre las capacidades precognitivas del fotón, sugeriría que estas realmente existen.

Probablemente si. El fotón sabe porque atrae conocimiento, de hecho es parte de una sabiduría universal, un conocimiento que conecta todo el cosmos. El fotón sabe porque todo el cosmos sabe, y este conocimiento no tiene límites de tiempo, espacio o tamaño. El fotón no "sabe antes", simplemente sabe. No lo sabe debido al hecho de que la barrera está cerca en el espacio, lo sabría incluso si estuviera en los límites exteriores del universo. El fotón sabe por qué forma parte de una sabiduría cósmica universal situada más allá de todo límite y más allá de cualquier constricción determinada por la materia. Su conocimiento es información e inteligencia a un nivel puramente psíquico o espiritual. Ese único fotón, y todas las demás partículas del universo, no "predicen", simplemente saben.

Entonces surge otra pregunta: ¿por qué los seres humanos, que básicamente estamos hechos de partículas, no poseemos el mismo conocimiento?

Por supuesto, todas las partículas que componen nuestro cuerpo poseen este conocimiento, cada una individualmente; nosotros, considerados como el agregado de un número infinito de partículas, deberíamos poseer un conocimiento agregado, la suma del conocimiento de todas nuestras partículas.

Hay una gran diferencia entre la partícula individual y el conjunto de partículas que somos. En primer lugar, las partículas son miembros del conocimiento universal sin ninguna mediación. Las partículas son directamente parte de ella. En cambio, nuestro cuerpo, como un agregado de partículas, se ve afectado por poderosos intermediarios que, de hecho, se convierten en separadores.

Estos mediadores negativos tienen colectivamente el nombre de "yo". Nuestra conciencia y nuestra personalidad cumplen la función de separadores hacia el conocimiento cósmico. En efecto, mientras las partículas son miembros humildes que se adhieren dócilmente a este conocimiento, nosotros nos ubicamos en el centro del universo: todo lo que nos rodea, lo que sucede a nuestro alrededor, los recuerdos del pasado y las expectativas del futuro están absolutamente centrados en nuestro cosmos personal. .

Esto nos hace muy poco complacientes y poco permeables respecto a un saber nada centrado en nosotros mismos.

Consideraciones análogas a éstas evocan instintivamente el terrible grito de Lucifer expulsado de la presencia de Dios: "¡No te serviré!". Quizás los ángeles caídos seamos nosotros mismos, ya que realmente no deseamos servir a nada más que a nuestro ego y esto nos sumerge en una soledad existencial hecha de egoísmo y autorreferencialidad.

Así también el mito bíblico de Adán y Eva habla de una expulsión del Edén por desobediencia. Dios había plantado un huerto del que la pareja podía beneficiarse plenamente, con una excepción: "De todos los árboles del jardín podrás comer; mas del Árbol del Conocimiento del Bien y del Mal no comeréis; porque el día que lo comas seguro que morirás».

El conocimiento del Bien y del Mal transforma a Adán y Eva en sujetos capaces de juicio, pero esta capacidad, lamentablemente, está viciada por la ambición de querer ser semejante a Dios.

A pesar de esto, hay muchos aspectos que nos mantienen conectados, aunque sea débilmente, a un "conocimiento cósmico". A pesar de estar embargados, poseemos migajas de conocimiento de su existencia. En primer lugar tenemos la sensación de una presencia superior a nosotros mismos, que percibimos y que a veces sentimos la necesidad, como podría ser el recuerdo de padres lejanos o desaparecidos. La sombra de un padre desconocido al que abrazar místicamente se arremolina en nuestros pensamientos, nos intriga y nos fascina. Este es el sentimiento que muchos llaman "anhelo de Dios". Es una nostalgia que viene de lejos, evocada por hechos que muchas veces no forman parte de nuestra experiencia de vida; es una nostalgia que se nutre de recuerdos anteriores a nuestra existencia física.

Luego están las percepciones extrasensoriales, es decir, esos destellos de luz que iluminan por momentos y hacen transitable el camino que nos une al conocimiento cósmico. Nuestro inconsciente es capaz de conectarse con el inconsciente colectivo y, aunque tortuosamente, destellos de conocimiento fluyen desde la conciencia universal a nuestra conciencia individual. Cuando esto sucede "sabemos y vemos", por unos breves instantes, las cosas que, por nuestra condición de esclavos encadenados a la materia, normalmente no vemos. .

Pero el vínculo más concreto con la sabiduría del cosmos se encuentra en las sincronicidades que pueblan nuestra existencia, muchas veces en nuestra indiferencia. Aunque nos hemos hundido en nuestro abismo de ángeles caídos, una mano se extiende hacia nosotros para levantarnos del pozo y guiarnos hacia una redención evolutiva espiritual y cultural. Las sincronicidades son prueba de que el "Saber" no nos considera malditos para siempre y ve en nosotros a ese hijo pródigo evangélico que, a su regreso, no es rechazado por su padre sino acogido con alegría, al punto que su padre le prepara una mesa con el becerro cebado.

El átomo y su representación más actual.

En la representación clásica del átomo, un electrón tiene una cantidad de energía bien definida, capaz de mantenerlo en una determinada órbita que, por tanto, se denomina nivel de energía de la órbita. En consecuencia, la órbita representa el camino que recorre el electrón alrededor del núcleo, mientras que el nivel de energía representa la cantidad de energía suficiente para mantenerlo en esa órbita.

Como hemos visto, la mecánica cuántica es capaz de describir el comportamiento de partículas muy pequeñas, como los electrones, y también hemos visto que las reglas de la física clásica no se aplican a estas partículas. En la visión cuántica se ha introducido un nuevo modelo atómico más complejo, en el que ya no hablamos de órbita sino de "orbital".

Orbita y orbital.

La mecánica cuántica ha demostrado ampliamente que no es posible definir la trayectoria de un electrón, por lo que el término "órbita" no es apropiado. Es necesario abandonar el concepto de órbita recorrida por un electrón para sustituirlo por el de "orbital", también definido como "nube de probabilidad". Esto sucede porque no podemos establecer con certeza cuál es la posición del electrón dentro del átomo en un instante dado o en el instante siguiente. A través de complicadas funciones matemáticas es posible obtener información sobre la posición del electrón, pero sólo en términos de la probabilidad de su presencia en un determinado espacio alrededor del núcleo (Fig. 41).

En otras palabras, mientras que la órbita es una trayectoria definida, el orbital es una función matemática que le permite establecer dónde es más probable que se encuentre el electrón en el espacio alrededor del átomo.

Todo esto es consecuencia directa de un principio fundamental de la mecánica cuántica descubierto por el físico alemán Werner Heisenberg, el "Principio de Incertidumbre" o "Principio de Heisenberg", según el cual no es posible conocer simultáneamente la posición y la velocidad del electrón en su órbita. Esto confirma la peculiaridad del comportamiento de las partículas elementales en comparación con el de los cuerpos a nivel macroscópico, es decir, a nivel de nuestras dimensiones y nuestra experiencia.

A nuestro nivel, de hecho, es posible calcular con extrema precisión la trayectoria y la velocidad de una piedra incluso antes de lanzarla, al igual que es posible calcular la trayectoria de los cuerpos celestes o el itinerario de viaje de los satélites espaciales. Sin embargo, a nivel subatómico, esta habilidad se vuelve imposible. El principio de Heisenberg establece una vez más las diversidades encubiertas de misterio del comportamiento de las partículas.

En lo que respecta no solo al electrón sino a cualquier otra partícula elemental, solo podemos definir una cierta región del espacio donde se podría encontrar la partícula; es esta región del espacio la que se llama orbital y está determinada por la energía que posee la partícula.

Podemos imaginar el orbital como un compromiso entre la repulsión de los distintos electrones entre ellos y la atracción ejercida por el núcleo. Por tanto, cuantos más protones y electrones tiene un átomo, más complicada se vuelve la situación de las relaciones internas de atracción y repulsión; el átomo se convierte en un espacio de rastreo en el que las avispas se mueven a velocidades inimaginables a lo largo de orbitales probabilísticos.

En estas condiciones, la única forma de saber muy aproximadamente dónde está un electrón ya qué velocidad se mueve es tratarlo como una onda; el electrón estará en cualquier punto X de la onda que lo describe. Este principio está definido por una función matemática, la función de onda, descubierta por el físico y matemático austriaco Erwin Schrödinger.

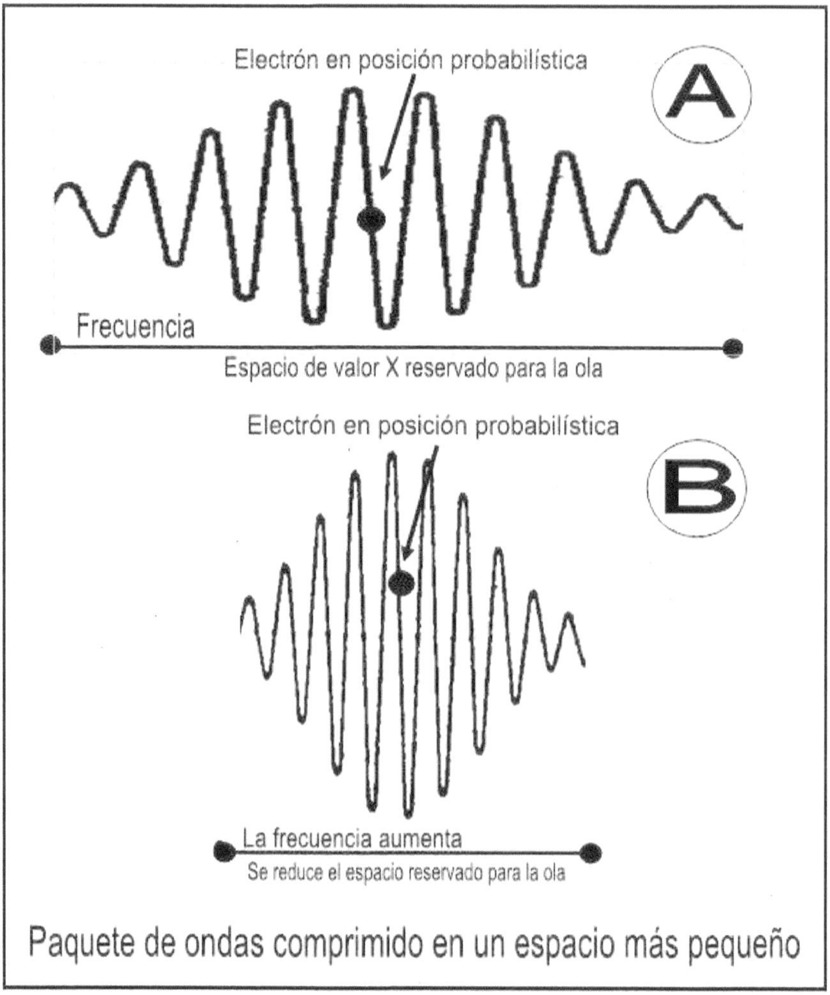

Figura 41 - Al comprimir la región espacial de la onda aumenta su frecuencia y por lo tanto la velocidad de rotación de la partícula.

A En el espacio de valor "X" la frecuencia de la onda tiene valor "a".

B En un espacio más estrecho la frecuencia de la onda tiene un valor "b", superior a "a".

Esta función, de hecho, no define las coordenadas precisas del electrón, sino que delimita un volumen de espacio dentro del cual puede encontrarse con mayor probabilidad.

Hoy sabemos que las leyes cuánticas se pueden aplicar no solo al electrón, sino también a las partículas presentes en los núcleos de los átomos, protones y neutrones.

Vista dinámica del átomo.

Lo dicho hasta ahora proporciona una visión del átomo mucho más dinámica que la clásica. De hecho, considerando un electrón como una partícula, no podemos saber dónde está exactamente, excepto que está colocado en cualquier punto de la función de onda que lo describe (fig. 41A).

La física moderna ha llegado a concebir el universo como una red inextricable, dentro de la cual las relaciones son absolutamente dinámicas, no estáticas. En mecánica cuántica este aspecto dinámico, si cabe, se potencia y es consecuencia directa de la naturaleza ondulatoria de las partículas. En consecuencia, las propiedades de las partículas subatómicas solo pueden entenderse en el contexto de su dinamismo.

El hecho de que las partículas también sean ondas provoca un comportamiento aparentemente extraño que debe tenerse en cuenta. Si forzamos una partícula en un espacio determinado, reacciona agitándose en ese espacio. La agitación es mucho más rápida cuanto más restringido está el espacio.

Esta propiedad se vuelve comprensible al examinar la Figura 41.

En la parte superior se representa la función de onda de un electrón, encerrado en una región del espacio de valor X con el electrón colocado en una posición probabilística.

En la parte inferior de la Figura 41B, al restringir el espacio disponible, la onda vibra a mayor frecuencia y esto provoca un aumento en la velocidad del electrón. Cuanto más pequeña sea la región de confinamiento, más aumentará el movimiento del electrón.

La tendencia de las partículas a reaccionar a cada confinamiento aumentando la velocidad genera el estado de agitación de la materia, propio del mundo subatómico.

Además, incluso en el núcleo no hay estática; de hecho, si es posible, la agitación toma formas paroxísticas. Podemos entender esto si consideramos que el volumen del núcleo es mil billones de veces menor que el volumen total del átomo. De hecho, como ya hemos mencionado, si el núcleo tuviera un tamaño de 3-4 milímetros, el electrón más externo giraría en un volumen esférico con un diámetro de unos 100 metros. En el volumen de espacio de un núcleo tan increíblemente pequeño entran en juego dos fuerzas: por un lado, la repulsión entre los protones, todos ellos con carga eléctrica positiva, tiende a "explotar" el núcleo hacia el espacio. Por otro lado, sin embargo, entra en juego la interacción nuclear fuerte que ejerce atracción entre todas las partículas compuestas por quarks. Por lo tanto, el núcleo vibra, en un eterno conflicto hecho de repulsión y atracción, con una velocidad potenciada exponencialmente por su diminuto tamaño.

¿"Cosas" o eventos?

Dado que las partículas son parte de las estructuras más grandes, como las moléculas y los agregados más grandes de materia, estos también tienden a moverse en una danza perenne, es decir, se agitan naturalmente. La mecánica cuántica demuestra cómo la materia nunca está inerte, sino en constante movimiento. Aunque a nivel macroscópico los objetos nos parecen inmóviles y sólidos, en su composición íntima hierven con una actividad frenética.

Los objetos de nuestra realidad cotidiana están compuestos por átomos que se conectan entre sí para formar todas las estructuras moleculares que conocemos. Estos vibran en armonía con la temperatura ambiente. Los electrones están unidos a los átomos por fuerzas eléctricas de atracción y repulsión que los empujan hacia el núcleo provocando una velocidad de rotación muy alta.

En el mismo núcleo, los protones y los neutrones están restringidos en volúmenes tan pequeños que hacen que se agiten a velocidades inimaginables.
Cuanto más se profundiza en el estudio del átomo, más se hace evidente que no es el componente último de la materia, sólido y compacto, como sugería Newton, sino un conjunto de actividades, es decir, vibraciones debidas a partículas que son simultáneamente ondas. , en eterno movimiento frenético en un espacio predominantemente vacío.
Karl Raimund Popper, filósofo austríaco y estudioso de los métodos para alcanzar el conocimiento cierto y científico de las cosas, atribuye a la metafísica, si es bien entendida, la función de estimular el progreso. El determinismo físico es duramente cuestionado por Popper, tanto desde el punto de vista científico como presupuesto del totalitarismo. En su libro "El ego y su cerebro" Popper expresa sus pensamientos sobre el universo material en estos términos:

> "La materia resulta ser energía altamente concentrada, que puede transformarse en otras formas de energía y por tanto algo de naturaleza procesual, ya que puede convertirse en otros procesos como la luz y, obviamente, el movimiento y el calor. Por tanto, podemos decir que los resultados de la física moderna sugieren la necesidad de abandonar la idea de sustancia o esencia.
>
> Ahora (como señaló A. N. Whitehead sobre todo) el universo no aparece como una colección de cosas, sino como un conjunto de eventos y procesos que interactúan.
>
> Por lo tanto, un físico moderno puede muy bien decir que las cosas físicas, los cuerpos, la materia, tienen una estructura atómica. Pero a su vez los átomos tienen una estructura que difícilmente puede definirse como "material" y ciertamente no como "sustancial": al perseguir la intervención programática para explicar la estructura

> de la materia, la física tuvo que trascender el materialismo. Todo este desarrollo más allá del materialismo surgió de la investigación realizada sobre la estructura de la materia, dentro de los átomos, y fue por lo tanto el resultado del mismo programa de investigación materialista. Este desarrollo ha dejado intacta la importancia y la realidad de la materia y las cosas materiales: átomos, moléculas y estructuras de moléculas. En efecto, podría decirse que su realidad ha ganado con ello, ya que, como demuestra la historia del materialismo y especialmente del atomismo, la realidad de la materia fue considerada dudosa no sólo por filósofos idealistas como Berkeley y Hume, sino también por físicos como como Mach, precisamente en el momento en que estaba surgiendo la teoría cuántica"

En su teoría de la electrodinámica cuántica (definida como la joya de la física) el físico Richard Feynman sugiere que del principio de incertidumbre de Heisenberg se deriva que el vacío cuántico, también llamado "campo de punto cero", está atravesado por un mar de fluctuaciones que crean pares de partículas y antipartículas virtuales, que se aniquilan en un tiempo inversamente proporcional a su energía.

La famosa fórmula de Einstein E = mc2 establece que la materia y la energía son convertibles entre sí. Por lo tanto, la energía puede tomar muchas formas: puede ser clásicamente mecánica en dos modos, cinética o potencial; además, puede ser químico, electromagnético, gravitatorio, térmico, nuclear. Todas estas expresiones de energía son componentes de la misma energía global, que puede cambiar de forma pero no puede eludir la regla de que la cantidad siempre permanece igual. En su inmutabilidad y convertibilidad, la energía cumple el papel de conectar todos los fenómenos físicos en una red de transformaciones, pero toda transformación física debe prever necesariamente que la cantidad de energía, antes y después, sea la misma. Por lo tanto, la energía no se puede destruir sino que puede tomar diferentes formas; de hecho, está en constante transformación.

Localidad y no localidad.

La localidad define el área en la que hay manifestaciones de energías y eventos delimitados por las leyes de la física clásica; en la realidad local hay causalidad o determinismo (cada evento está determinado por un evento anterior), toda realidad está sujeta a la flecha del tiempo que sólo avanza y, en todo caso, no es posible sobrepasar la velocidad de la luz para que no puede haber comunicación instantánea de información a largas distancias. Además, cualquier energía que transporta alguna información sufre una disminución de potencia mucho mayor cuanto más se aleja de la fuente, como sucede con una luz o un sonido que se vuelve cada vez más tenue a medida que aumenta la distancia.

En el dominio no local, en cambio, hay eventos y manifestaciones que no sufren las restricciones típicas del dominio local: no están limitados ni por el tiempo ni por la distancia. En el nivel no local no existe el ayer y el hoy, el antes y el después, sino sólo el "ahora y siempre". Asimismo, no hay alto y bajo, cerca y lejos, sino solo "aquí y en todas partes".

Enredo.

Las entidades involucradas en un "enredo", partículas o fotones, están unidas entre sí porque fueron producidas por un proceso que las unió de una manera especial. Por ejemplo, dos fotones emitidos por el mismo átomo. Dichos fotones o partículas permanecerán "enredados", es decir, acoplados, para siempre. Si de alguna manera uno actúa sobre uno de los dos, su "gemelo", dondequiera que esté en el universo, reaccionará instantáneamente a su vez.

(Amir Dan Aczel, matemático y físico israelí)

El comportamiento ondulatorio de la materia es la base de otro sorprendente fenómeno cuántico conocido como "entrelazamiento", término inglés que puede traducirse como entrelazamiento. El entrelazamiento representa uno de los fenómenos más misteriosos y aún sustancialmente inexplicables de toda la física moderna. Según Erwin Schrödinger, uno de los padres fundadores de la mecánica cuántica, es sin duda el "rasgo característico" de toda la teoría.

El entrelazamiento tiene propiedades tan increíbles que hicieron que Einstein dudara de la realidad del fenómeno. En 1935 junto con Boris Podolsky y Nathan Rosen formuló la famosa "paradoja EPR" (llamada así por las iniciales de los apellidos de los tres científicos) que, en el significado mismo del nombre, destacaba el fenómeno del enredo como paradójico.

De hecho, la paradoja EPR, considerada por primera vez como una refutación válida del entrelazamiento, contenía un error fundamental, destacado en 1964 por John Stewart Bell y confirmado en 1982 por los experimentos de Alain Aspect. Posteriormente, en 1998, Anton Zeilinger y otros mejoraron estos experimentos y confirmaron sus resultados.

Hoy podemos concluir que en innumerables estudios se ha demostrado que la física cuántica es capaz de producir predicciones experimentales correctas hasta una precisión sin precedentes, y se han observado los fenómenos de correlación entre partículas, típicos del entrelazamiento cuántico. Actualmente esta teoría es la base de tecnologías emergentes como las computadoras cuánticas y la criptografía cuántica y ha permitido realizar experimentos relacionados con la teletransportación, en los que se concentran las expectativas del mundo tecnológico.

El principio de superposición.

En el examen del experimento de la doble rendija realizado enviando solo una partícula a la vez, vimos cómo esto cruza ambas rendijas y crea un fenómeno de interferencia.

Figura 42 - La partícula P que pasa por ambas rendijas se encuentra en un estado de superposición cuántica.

F1 La partícula P pasa por la rendija F1 y tiene el estado Pa

F2 La misma partícula P también pasa por la rendija F2 y tiene el estado Pb

La partícula P está en "superposición de estados". Su estado es P (a + b).

Es evidente que la partícula, siendo la única presente, interfiere consigo misma. Este es un fenómeno asombroso pero real, que toma el nombre de "principio cuántico de superposición de estados".

El principio de superposición establece que, al igual que las ondas de la física clásica, se pueden "superponer", es decir, sumar, dos o más estados cuánticos, y el resultado será otro estado cuántico válido.

Por tanto, el estado de un sistema puede estar compuesto por dos o más estados, con el fin de compartir algunas de las propiedades de cada uno de los estados que lo componen.

Si marcamos con A y B dos propiedades diferentes de una misma partícula, como por ejemplo:

estado A: la partícula está en el lugar F1

estado B: la partícula está en el lugar F2

entonces la superposición de los estados de esa partícula se puede escribir como A + B porque tiene algo en común tanto con el estado A como con el estado B (fig. 42).

La partícula está en estado A cuando pasa por la rendija F1 y en estado B cuando pasa por la rendija F2. Como la partícula pasa por ambas rendijas simultáneamente, se encuentra simultáneamente en los dos estados, es decir, en un estado de superposición, que se escribe A + B y es una combinación de los dos estados "La partícula está en el estado A" y "La partícula está en el estado B".

Si observáramos la partícula mientras atraviesa la barrera la veríamos pasar por una sola de las dos rendijas y no obtendríamos el fenómeno de interferencia; si, por el contrario, no lo observamos, pasa por ambas rendijas, genera el estado de superposición y lo señala produciendo las figuras de interferencia en la pantalla detrás de él.

El principio de superposición es uno de los mayores misterios de la física cuántica, y es la clave fundamental para comprender el fenómeno del entrelazamiento.

La correlación.

La correlación puede considerarse el resultado del entrelazamiento: se dice que dos partículas que se han entrelazado entre sí están relacionadas. Esto significa que las partículas están conectadas para formar un sistema entrelazado, y que reaccionan al unísono, cada una a los eventos que afectan a la otra. Se comportan como lo harían los gemelos, por ejemplo, aquellos cuyas historias presenté al comienzo de este libro.

Por lo tanto, dos partículas relacionadas pueden considerarse gemelas. Así como los gemelos humanos están involucrados en el mismo nacimiento, las partículas elementales se enredan cuando están involucradas en un fenómeno que les interesa de una manera no trivial.

Los casos de los hermanos McWhirter y las hermanas Furness pueden considerarse extraordinarios porque los protagonistas reaccionaron a los hechos que afectaron a su gemelo sin causa aparente, trastornando así el principio de causalidad según el cual cualquier evento que ocurra en el universo debe ser la causa. de otro evento que ocurrió previamente. De hecho, incluso las partículas relacionadas reaccionan cada una a los eventos que afectan a la otra (oa las otras) sin ningún vínculo causal. De hecho, la reacción de uno de los gemelos se produce cuando este es totalmente inconsciente de lo que le está pasando al otro.

Incluso en el caso de partículas entrelazadas ocurre lo mismo: los cambios de estado no son uno tras otro, sino simultáneos; y esto, fíjate, a cualquier distancia que estén las partículas.

Esta circunstancia constituye un auténtico enigma para los físicos ya que sólo puede significar dos cosas: o las partículas se comunican entre sí transmitiendo señales a una velocidad prácticamente infinita, y en todo caso superior a la de la luz, o existe otra forma de comunicación que es independiente del espacio y del tiempo y por lo tanto es puramente psíquica, de la misma forma de pensamiento, capaz de vagar instantáneamente por cualquier parte del universo, desde el pasado hasta el futuro, sin ningún límite físico.

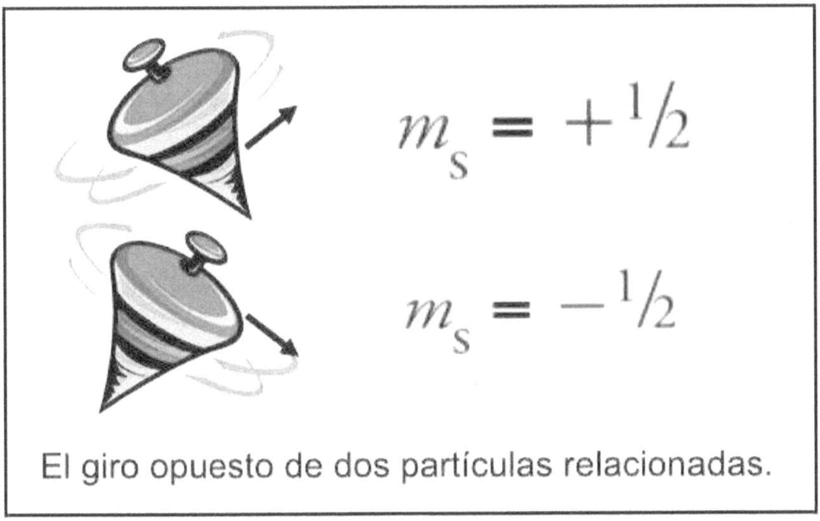

Figura 43: el espín (rotación) se introdujo inicialmente para indicar el momento del momento intrínseco del electrón.

Sin embargo, incluso este ejemplo es imperfecto porque prevería que una de las dos partículas lanzaría "una llamada" a la otra, en cualquier caso, aunque a la velocidad del pensamiento.

En cambio, las dos partículas deciden su variación al mismo tiempo; ninguna de las dos partículas decide esto primero. Si eso sucediera, la causalidad entraría en juego, aunque a una velocidad extrema. No es así: las partículas se comportan como si fueran una sola partícula.

El entrelazamiento es un lazo de coherencia. Por ejemplo, si dos fotones de espín opuesto se correlacionan formando un sistema entrelazado, la variación del espín (fig. 43) de uno afecta al mismo tiempo al espín del otro. No hay forma de verificar qué variación ocurrió primero.

La figura 31 ilustra un método utilizado en laboratorios para obtener partículas correlacionadas. En el punto A, un electrón, colocado en cualquier órbita, tiene una energía de 10 (un valor de ejemplo). En el punto B, el electrón saltó a una órbita interna; ahora la energía requerida es menor, y podemos considerarla igual a 9. La cantidad innecesaria, (un cuanto), sirvió para generar un fotón.

Para obtener dos fotones correlacionados, un electrón hará un doble salto.

Imaginemos que hemos obtenido dos fotones correlacionados de esta forma y examinemos las relaciones entre ellos.

Superposición de dos partículas.

Suponemos que cada una de las dos partículas (P1 y P2) puede estar en dos lugares al mismo tiempo y por lo tanto tiene dos estados. La partícula P1 poseerá los estados P1A y P1B, mientras que la partícula P2 poseerá los estados P2Y y P2Z. Recuerde que los estados A, B, Y y Z representan diferentes lugares donde pueden estar las partículas (Figura 44).

Figura 44 - Enredo cuántico de dos partículas correlacionadas. (Primera etapa)

Las dos partículas P1 y P2 poseen dos estados.

La partícula P1 se superpone a (P1 (a + b)

La partícula P2 se superpone (P2 (a + b).

Las dos partículas relacionadas tienen la propiedad de poseer dos estados. Ahora imagine que la partícula P1 está en el estado A y la partícula P2 está en el estado Y. El resultado es un sistema de dos partículas con el estado AY, que se llama el "estado producido". Si, por el contrario, imaginamos que la partícula P1 está en el estado B y la partícula P2 en el estado Z, el resultado es el estado producto BZ (Figura 45).

Figura 45 - Enredo cuántico de dos partículas correlacionadas. (Segunda fase)

"Estado del producto" de partículas relacionadas P1 y P2

Las dos partículas P1a y P2y producen el estado de superposición P1-P2 (a + y)

Las dos partículas P1b y P2z producen el estado de superposición P1-P2 (b + z)

En este punto, con un paso más, podemos aplicar el principio de superposición al conjunto de dos sistemas AY + BZ.

Este estado se denomina "estado enredado" (Figura 46).

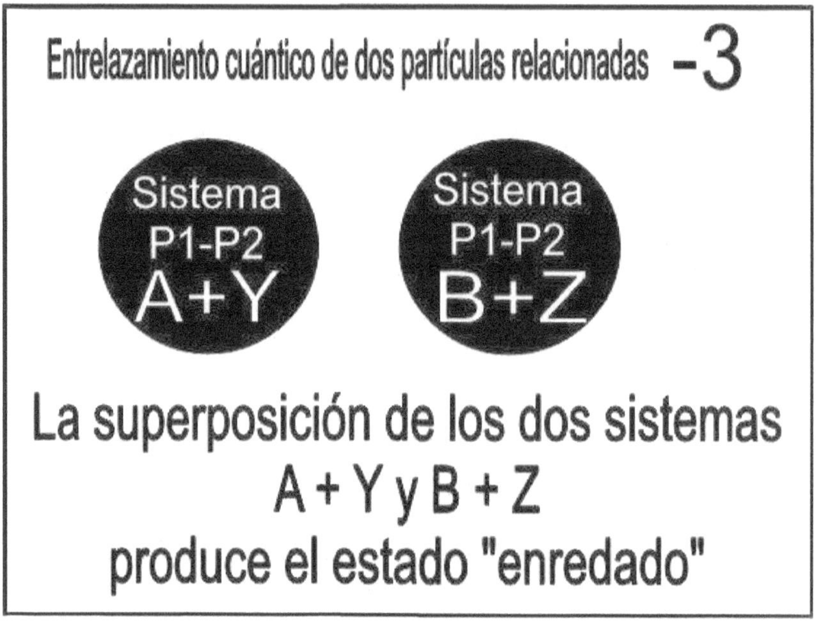

igura 46 - "Enredo cuántico" de dos partículas correlacionadas. (Tercera fase).

La superposición de dos sistemas AY y BZ produce el estado "enredado".

La superposición de los dos sistemas se denomina "entrelazamiento". El estado del producto AY indica que la partícula P1 está en el estado A y la partícula P2 en el estado Y.

De manera similar, el estado del producto BZ indica que la partícula P1 está en el estado B y la partícula P2 en el estado Z.

El estado entrelazado AY + BZ, que representa una superposición de estados, indica que hay conclusiones obligatorias con respecto a las dos partículas.

De hecho, si realiza una medición que muestra que la partícula P1 está en el estado A, entonces la partícula P2 debe estar necesariamente en el estado Y, y viceversa.

De manera similar, si al realizar la medición se encuentra que la partícula P1 está en el estado B, entonces la partícula P2 necesariamente debe estar en el estado Z.

En otras palabras, cuando dos partículas están en estado entrelazado, no es posible considerar una aparte de la otra. En última instancia, el estado entrelazado resulta de la superposición de dos estados producto.

Una vez que se correlacionan dos partículas, se produce entre ellas un estado de entrelazamiento que no tiene en cuenta el tiempo ni el espacio. Cada intervención sobre una de las dos partículas produce simultáneamente un cambio recíproco en la otra, dondequiera que esté en el universo.

El físico danés Niels Bohr, fundador de la famosísima Escuela de Copenhague, realizó aportes fundamentales para la comprensión de la estructura del átomo y la mecánica cuántica, y por estos recibió el Premio Nobel de Física en 1922. Sobre la correlación de partículas dijo :

> "Incluso si dos fotones relacionados estuvieran en dos galaxias diferentes, siempre seguirían siendo una sola entidad, y la acción realizada por uno de ellos también afectaría al otro".

Con esto, entrelazamiento proclama solemnemente que no todo el universo está sujeto a las leyes de la física clásica, pero, al menos a nivel subatómico, estas leyes ya no son válidas.

El hecho de que las dos partículas "entrelazadas" sigan comportándose al unísono cualquiera que sea la distancia entre ellas plantea un problema aparentemente irresoluble.

¿Cómo se comunican las dos partículas entre sí? Ciertamente no con señales enviadas con métodos clásicos; estos, de hecho, se desvanecerían a medida que aumenta la distancia y, en cualquier caso, no podrían exceder la velocidad de la luz. Ciertamente debe haber una posibilidad de comunicación no física.

Fenómenos no locales y extrasensoriales.

La característica más sorprendente e intrigante que se desprende de lo dicho hasta ahora es que las partículas subatómicas son capaces de intercambiar información de forma instantánea, es decir, están conectadas de forma no local; En pocas palabras, la información no atraviesa ningún lugar físico para conectar las dos partículas; el nivel no local es un nivel puramente psíquico (para evitar usar el término espiritual), es decir, compuesto de pura información, o inteligencia.

También se podría argumentar que las dos partículas están separadas solo en apariencia siendo, de hecho, una sola cosa, ya que se comportan así. Esto no resuelve el problema. Si las dos partículas siguieran siendo una sola entonces todo el universo debería ser uno, es decir, no estaría formado por objetos separados (si no a nivel macrofísico) mientras que a nivel subatómico sería una sola realidad, que "Unus Mundus" que surgió de la colaboración de Jung y Pauli o el universo implicado teorizado por David Bohm. Incluso en este caso, sin embargo, se requeriría una sola inteligencia universal para gobernar el Cosmos.

Albert Einstein se opuso rotundamente al principio de no localidad porque violaba las leyes físicas que él mismo había formulado, todas basadas en la localidad. Constantemente intentó en su vida desarrollar una teoría capaz de unificar los conceptos de la física clásica con los de la cuántica; desafortunadamente, no tuvo éxito.

En 1982, tras los experimentos realizados por Alain Aspect, se confirma definitivamente la teoría del entrelazamiento y con ello el concepto de no localidad. Desde entonces sabemos que el "realismo local" que percibimos en nuestra dimensión no es una ley absoluta de la naturaleza.

En este punto, es posible imaginar que el espacio y el tiempo son inconsistentes y existen solo en un nivel perceptivo. El experimento de Aspect nos mostró que existe una conexión entre partículas que va más allá del espacio-tiempo. Además, dado que todo el universo está formado por partículas, podemos preguntarnos si el fenómeno de la no localidad debe limitarse únicamente a la realidad subatómica o si también puede ocurrir entre objetos más grandes, o incluso entre seres vivos.

¿Es posible que los organismos biológicos, como los humanos, accedan al nivel no local? Si la respuesta fuera afirmativa, entonces podríamos imaginar un intercambio de información entre diferentes organismos por medios no convencionales, a través de esa misteriosa dimensión que es la no localidad.

De hecho, esta posibilidad no debe ser excluida, al contrario existe y es muy extendida y conocida. Se llama telepatía.

Una característica de la telepatía es que funciona mejor entre personas que están unidas por lazos particulares de afecto o parentesco, como madres e hijos, es decir, "enredados" entre sí emocionalmente.

Nuestro cerebro es ciertamente capaz de elaborar deseos para conectar con las personas más cercanas a nosotros. Tal vez la no localidad represente los medios hasta ahora desconocidos por los cuales tales comunicaciones pueden realmente tener lugar. Aunque el ser humano no sepa utilizar plenamente la telepatía, todavía tiene los medios para hacerlo, es decir, una mente capaz de procesar pensamientos y desear su transmisión. A veces esto sucede espontáneamente, es decir, sucede aunque no podamos explicar cómo sucede.

La telepatía probablemente consiste en un fenómeno de correlación entre mentes. La conciencia, en el ejercicio de su capacidad de desarrollar intenciones, puede correlacionar dos cerebros poniéndolos en estado de enredo.

Otro aspecto que podría estar vinculado a la no localidad es el relativo a los fenómenos de previsión y premonición.

En efecto, en el nivel no local se podrían reconocer grandes correspondencias con el inconsciente colectivo, el nivel cósmico teorizado por Jung que contiene toda la historia y sabiduría de la humanidad en su evolución. La posibilidad de un "enredo" que se desarrolla a nivel no local coincide con la posibilidad de un nivel colectivo de conciencia y hace plausible que las conciencias individuales puedan acceder a sus contenidos pasados, presentes y futuros.

En este sentido, los experimentos de Alain Aspect y sus colaboradores también podrían considerarse experiencias de metafísica cuántica. Al demostrar la no localidad, también demostraron la existencia de un nivel que trasciende la realidad del espacio-tiempo y rechazaron la hipótesis de un universo únicamente material.

Brian Josephson es un físico galés, nacido en Cardiff en 1940. Con tan solo 22 años descubrió el efecto Josephson, y gracias a ello recibió el Premio Nobel de Física en 1973.

Josephson es uno de los científicos más famosos entre los que apoyan la posibilidad de que los fenómenos parapsicológicos sean reales. Particularmente incursionó en el estudio de la mística oriental, y las posibles implicaciones que ésta pudiera presentar en relación con la interpretación de los fenómenos científicos en clave mística o metafísica.

En particular, Josephson afirma que uno de sus métodos de guía es: "nullius in verba" (No confíes en las palabras de nadie) con referencia al hecho de que::

> "... si todos los científicos rechazan una idea, esto no necesariamente debe considerarse como prueba de que la idea antes mencionada es absurda; por el contrario, es necesario examinar cuidadosamente las supuestas motivaciones de tales opiniones y juzgar qué tan bien se sostienen hasta un examen cuidadoso."

Un universo "enredado".

Brian Greene es un físico estadounidense, uno de los estudiosos más importantes de la teoría de cuerdas. En 2014 se publicó en versión italiana su libro "La trama del cosmos. Espacio, tiempo, realidad".

En este libro, centrándose en el enigma del tiempo, Greene afirma que ninguna regla física confirma la idea de que el tiempo fluye en una dirección particular. Además, entre los temas de este libro, además de una exposición básica de la teoría de cuerdas, puede encontrar la discusión del entrelazamiento cuántico. Es esencialmente un análisis de la naturaleza de la realidad con excursiones sobre temas como el espacio-tiempo, la cosmología y los orígenes del universo (la llamada teoría del todo).

Greene cree, de hecho, que el universo es un todo intrínsecamente entrelazado y coherente consigo mismo.

Otra confirmación autorizada proviene del libro "El universo no local: la nueva física y los asuntos de la mente", escrito por dos físicos, Robert Nadeau y Menas Kafatos. Aquí hay una cita tomada a menudo de este texto:

> "Todas las partículas en la historia del cosmos han interactuado con otras partículas en la forma detectada por los experimentos de Aspect. Prácticamente todo en nuestro entorno físico inmediato está formado por cuantos que han interactuado de esta manera con otros cuantos desde el Big Bang hasta el momento presente. (...) También se debe considerar que el entrelazamiento cuántico crece exponencialmente con el número de partículas involucradas en el estado cuántico original y que no existe un límite teórico para el número de estas partículas entrelazadas. Si este es el caso, el universo en un nivel muy básico podría ser una vasta red de partículas, que permanecen en contacto entre sí a todas

> las distancias y en tiempo cero y en ausencia de transferencia de energía o información. Esto sugiere, por extraño o bizarro que parezca, que toda la realidad física es un Sistema Cuántico Único que responde coralmente a interacciones posteriores".

De hecho, si consideramos la teoría del Big Bang que describí anteriormente, su suposición básica resulta ser la explosión muy poderosa, que ocurrió hace unos 15 mil millones de años, de una singularidad puntual de energía a partir de la cual se habría originado, gracias a una expansión aún en curso, todo el universo. Esto significa que todo el universo se comprimió inicialmente en una realidad de densidad casi infinita. El hecho de que todas las partículas estuvieran tan estrechamente conectadas y que todas nacieran del mismo evento explosivo, hace legítimo pensar que todas las partículas del universo, en realidad, están enredadas entre sí.

No solo eso, es posible plantear la hipótesis de que todas las partículas del universo retienen la memoria de su hermanamiento con cualquier otra partícula. Esto significa que la separación de la realidad en "cosas" es solo una ilusión. La separación se debe al hecho de que percibimos el nivel macroscópico del universo. En realidad, el universo, aunque expandido en miles de millones de galaxias distantes entre sí miles de millones de años, aún estaría unido en sí mismo con vínculos no locales, más allá de cualquier espacio y cualquier tiempo. Si se pudiera demostrar esto también se demostraría que todos vivimos en una inmensa realidad holística donde cada parte vale el todo porque incluye el todo.

Ciertamente, todavía hay muchas cosas que no sabemos y que incluso pueden superar nuestra imaginación.

Las confirmaciones del entrelazamiento cuántico.

Einstein se equivocó cuando dijo: "Dios no juega a los dados". De hecho, la consideración de los agujeros negros sugiere no sólo que Dios juega a los dados, sino que a veces nos confunde arrojándolos donde no se ven.
(Stephen Hawking)

Alguien probablemente recordará a "Noein". Es una serie animada de ciencia ficción de 2005 producida por el estudio Satelight, que consta de 24 episodios, concebida y dirigida por Kazuki Akane.

Noein, el personaje que da nombre a la serie, es una figura evanescente, caracterizada por una máscara dorada con un solo ojo. Él es quien mueve los hilos de los eventos desde el principio. Está profundamente imbuido de las teorías de la mecánica cuántica.

Noein trata el concepto de tiempo como una dimensión que resuena con otras líneas de tiempo. En particular, ve el universo ramificándose en un número infinito de probabilidades, favoreciendo la interpretación de Hugh Everett de los muchos mundos. Sin embargo, también incorpora muchos aspectos de la interpretación de Bohr y la Escuela de Copenhague de que la presencia de un observador es esencial para determinar el colapso de la onda de probabilidad en una situación medible.

Haruka, un personaje femenino, tiene el poder de un observador dentro del multiverso, un poder que le permite determinar el resultado de una acción simplemente "observándola".

En el episodio "Superposiciones", Uchida explica la paradoja del gato de Schrödinger a su guardaespaldas Koriyama. Esta es una situación ideal en la que solo un observador puede determinar la muerte del gato en el momento en que abre la caja. En el mismo episodio también se hace referencia a la frase "Dios no juega a los dados", cita célebre de Albert Einstein.

> "Dios no juega a los dados, ¿lo sabías? Digamos que tiras un dado, y de esa tirada sale el número seis".
>
> "Preferiría el número uno, porque es el primero".
>
> "Está bien, uno o seis es lo mismo. Entonces, digamos que el número uno está fuera. También podría salir el número cinco, o podría salir el número cuatro. Tienen las mismas probabilidades, ¿no?
>
> "De hecho si."

> "¿Se imaginan un mundo donde saliera el número cinco y otro mundo donde saliera el número cuatro? ¿Es posible que existan innumerables mundos en los que innumerables copias de ti mismo tiran una infinidad de dados?"

"Dios no juega a los dados"

Esta cita es una de las máximas más famosas de Einstein, quien la repitió varias veces en diversas ocasiones. El científico lo utilizó en oposición a las implicaciones no deterministas de la mecánica cuántica, defendidas por Niels Bohr y su Escuela de Copenhague.

El hecho de que la posición y la velocidad de un electrón no pudieran establecerse con certeza, y que estos datos sólo pudieran expresarse en términos de probabilidad, perturbó mucho el sentido rigurosamente científico de Einstein, firmemente basado en las certezas de localidad y determinismo.

Según la teoría de Bohr, no se podía esperar que arrojando un electrón varias veces, bajo las mismas condiciones experimentales, diera siempre el mismo resultado, porque su trayectoria siempre estaría sujeta a la nube inestable de la probabilidad. Un poco como si, al lanzar un dado con el mismo mecanismo, siempre hubiera que esperar que saliera el mismo número; pero sabemos que esto no sucede, debido a las innumerables variaciones que afectan al lanzamiento, algunas muy inestables como la temperatura y la humedad del ambiente. Con su aforismo Einstein quiso decir que la mecánica cuántica no puede considerarse similar a la tirada de dados, sino que necesariamente debe proporcionar resultados fiables en sus cálculos.

Hay muchas citas en las que Einstein expresa con fuerza sus dudas. El 4 de diciembre de 1926 escribió estas palabras en su diario:

> "La mecánica cuántica es digna de todo respeto, pero una voz interior me dice que aún no es la solución adecuada. Es una teoría que nos dice muchas cosas, pero no nos deja profundizar en el secreto del Gran Viejo. En todo caso, estoy convencido de que el Gran Viejo no juega a los dados con el mundo".

En 1942, escribiendo a Cornelius Lanczos, un matemático y físico húngaro y su gran amigo, Einstein dijo:

> "Qué difícil es vislumbrar las cartas de Dios. Pero no creo ni por un momento que Él juegue a los dados o utilice métodos "telepáticos" como le gustaría a la teoría cuántica actual".

En particular, son conocidos los numerosos intercambios de opiniones entre Einstein y Niels Bohr, partidario de la tesis opuesta. Muchos testigos y el mismo Bohr recuerdan la confrontación verbal que tuvo lugar en el Congreso de Solvay en 1927. Bohr escribe:

> "Einstein, por su parte, nos preguntó, en broma, si realmente podíamos creer que la divina Providencia había "jugado a los dados". Le respondí que los antiguos pensadores nos habían advertido que fuéramos muy cautelosos al definir los atributos de la Providencia en un lenguaje común".

Werner Heisenberg también estuvo presente en esa ocasión y recuerda el chiste de Einsteinm al que Bohr respondió: "¡Pero no nos corresponde a nosotros decirle a Dios cómo debe hacer que el mundo vaya!".

En 1944, el 7 de septiembre, Einstein le escribió a Bohr lo siguiente:

> "Nuestras perspectivas científicas son ahora el polo opuesto. Tú crees que Dios juega a los dados con el mundo; yo creo en cambio que todo obedece a una ley. Creo en un mundo de realidades objetivas y trato de captarlas de una manera furiosamente especulativa. Yo Espero que alguien descubra un camino más realista que el mío. Incluso el gran éxito inicial de la teoría cuántica no logra convencerme de que la aleatoriedad está en la raíz de todo. Sin embargo, soy muy consciente de que los colegas más jóvenes consideran que esta actitud es un efecto. de esclerosis . Un día sabremos cuál de estas dos actitudes instintivas fue la correcta ".

La tesis de Einstein se basó en el concepto de variables ocultas. Según él, si la versión de la mecánica cuántica de la Escuela de Copenhague había arrojado resultados no deterministas, ciertamente dependía del hecho de que se había pasado por alto algún parámetro importante.

La paradoja EPR.

El entrelazamiento cuántico, derivado de la interpretación de Copenhague, se consideraba paradójico porque se consideraba incompatible con la relatividad especial que considera la velocidad de la luz como la máxima a la que puede viajar cualquier tipo de información. Además, el entrelazamiento cuántico era incompatible con el principio de localidad. De aquí surgió la creencia de Einstein de que la teoría cuántica estaba incompleta. Según él, la teoría incluía variables ocultas, es decir, parámetros que no se tenían en cuenta en los cálculos.

En 1935, junto con Boris Podolsky y Nathan Rosen, Einstein propuso un experimento mental en el ensayo "¿Puede considerarse completa la descripción mecánica cuántica de la realidad física?" (¿Puede considerarse completa la descripción cuántica de la realidad física?). El ensayo fue publicado en "Physical Review" XLVII, 1935, pp. 777-780).

En este trabajo, conocido como "Paradox EPR" por las iniciales de sus nombres, los tres creadores pretendían demostrar que la mecánica cuántica conducía a resultados válidos, pero producía consecuencias paradójicas. En consecuencia, según ellos, esta no era una teoría física completa.

Cinco meses después, Niels Bohr respondió publicando en la misma revista un artículo con el mismo título (Physical Review XLVIII, 1935, p. 700).

En realidad, en su momento el enfrentamiento entre los dos científicos no tuvo vencedores, sobre todo porque las herramientas de la época no permitían una verificación experimental real de los argumentos sustentados. Como todavía se usa hoy en día, los "experimentos" propuestos se denominaron "experimentos mentales" o "Gedankenexperiment", según el término alemán acuñado por el físico danés Hans Christian Ørsted. Por lo tanto, un experimento mental todavía tiene como objetivo, aún hoy, probar, corroborar o refutar una hipótesis o teoría, pero tiene un carácter imaginario y no empírico porque las limitaciones prácticas lo hacen imposible.

También hay que decir que el experimento EPR tenía un grado de complejidad tal que hacía dudosas las conclusiones que se pudieran sacar de él en cualquier caso.

A pesar de esto, Einstein no fue el único en tener dudas, sino que otros científicos en su trabajo también destacaron los lados paradójicos de la interpretación de Copenhague de la mecánica cuántica.

La paradoja del gato de Schrödinger.

En 1935 Erwin Schrödinger, un físico austriaco que había recibido el Premio Nobel en 1933, publicó el artículo en el que describía la famosa "paradoja del gato", tratando de mostrar cuán extraña era la teoría de la superposición.

Figura 47: arriba, Erwin Schrödinger en una foto de época y un sello conmemorativo de Austria. A continuación, un post en broma sobre la famosa paradoja del gato, del blog "Cenacolo Jung-Pauli".

De hecho, Schrödinger al proponer esta paradoja pretendía, como Einstein, demostrar los límites de la física cuántica, aunque él mismo había sido uno de los fundadores de esta ciencia. Como ya se ha dicho, según la física cuántica, el comportamiento de una partícula elemental no se puede predecir con exactitud, sino sólo de forma probabilística.

Este no es el caso de los sistemas macroscópicos, es decir, formados por millones de átomos agregados: una vez que se conocen ciertos datos, es posible calcular exactamente qué sucederá en ellos y cuándo sucederá.

El experimento (mental) de Schrödinger consiste en encerrar a un gato en una caja que contiene una sustancia radiactiva. Sabemos con certeza que un solo átomo de dicha sustancia emitirá radiación, pero no podemos decir con certeza cuándo sucederá esto.

En la caja, junto con el gato, hay un dispositivo por el cual, cuando la sustancia radiactiva emite una radiación, esta provocará la ruptura de un vial de cianuro que matará al gato.

Ciertamente, los tiempos han cambiado y un científico que proponga hoy un experimento de este tipo se encontraría de inmediato con el laboratorio asediado por activistas por los derechos de los animales. Sin embargo, sabemos que Schrödinger nunca puso ningún gato en ninguna caja, al contrario, probablemente tenía un gato al que le tenía mucho cariño.

Volviendo al experimento, sabemos que la muerte del animal ocurrirá solo si la sustancia radiactiva emite una radiación, pero no sabemos si esto sucederá ni cuándo, eventualmente, sucederá.

La caja se mantendrá cerrada durante una hora. Sabiendo que hay un 50% de probabilidad de que el átomo se desintegre durante esta hora, podemos establecer que tenemos la misma probabilidad de encontrar al gato vivo o muerto cuando abrimos la caja.

Según la mecánica cuántica en la interpretación de Copenhague, si no se observa explícitamente el comportamiento del átomo, éste se encuentra en una superposición de estados, es decir, se ha desintegrado pero, a la vez, no se ha desintegrado; el átomo permanece en esta superposición hasta que alguien abre la caja provocando el "colapso de la función de onda".

Aplicando la paradoja de Schrödinger a la mecánica cuántica, mientras la caja permanezca cerrada tenemos un átomo decaído y no decaído, un vial de cianuro tanto entero como roto y un gato vivo y muerto.

Por otro lado, cuando se abre la caja, el sistema colapsa en un estado definido. Esto es similar a lo dicho en el caso del experimento de la doble rendija: cuando se lanza un fotón se comporta como una onda, pasa por ambas rendijas y provoca un fenómeno de interferencia. Si, por el contrario, aplicamos un instrumento a una de las dos rendijas para observar su paso, la función de onda colapsa y el fotón se comporta como una partícula, pasando por una única rendija.

Por lo tanto, solo cuando se abre la caja, el sistema compuesto por átomo radiactivo, vial de cianuro y cat asume un estado no superpuesto, único y coherente.

Bromeando podemos decir que de esta situación surgiría la conciencia de que, al abrir la caja, sería probable determinar la muerte del gato. En cambio, el gato continuaría vivo (o al menos muerto y vivo) mientras la caja estuviera cerrada.

Evidentemente, la paradoja del gato de Schrödinger describe una situación absolutamente alejada de la realidad por lo que, en defensa de la física cuántica, podemos decir que en cierto sentido Schrödinger hizo trampa al juntar dos realidades, la cuántica y la macroscópica. Por supuesto, aún no hemos llegado a la unificación de las diferentes leyes físicas de los dos niveles.

La desigualdad de John Stewart Bell.

Erwin Schrödinger no fue el único que apoyó las dudas de Einstein. Muchos otros científicos fueron conceptualmente críticos con la tesis de la Escuela de Copenhague. Sin embargo, gran parte de la comunidad científica se había ido convenciendo gradualmente de que la posición de Einstein era incorrecta. Pero el argumento había sido archivado y, aunque sin pruebas, la mayoría de los científicos reconocieron la validez de la teoría "no local" de Bohr.

Figura 48 - John Stewart Bell propuso un experimento, realizado en 1982 por Alain Aspect, que demostró la inexactitud de la teoría expresada por Einstein junto con Podolski y Rosen (paradoja EPR), confirmando el fenómeno del entrelazamiento.

Se produjo un resurgimiento del debate gracias a John Stewart Bell, (fig. 48), un joven tranquilo, pecoso y pelirrojo nacido en Belfast, Irlanda del Norte, en 1928.

Bell se había graduado en física experimental en la Universidad de Queen en Belfast en 1948. Después de varios años en varios institutos, había comenzado a trabajar en el CERN (Organización Europea para la Investigación Nuclear), el laboratorio más grande del mundo para la física de partículas, ubicado en la frontera entre Suiza y Francia, en las afueras occidentales de la ciudad de Ginebra en el municipio de Meyrin.

Durante los años que pasó en el CERN, Bell desarrolló su investigación en física teórica y trabajó en el campo de los aceleradores de partículas. Actualmente el complejo CERN incluye 7 aceleradores principales, construidos en varios períodos a partir de la fundación del instituto.

Un acelerador de partículas es una máquina capaz de producir haces de iones o partículas subatómicas, incluidos electrones, positrones, protones y antiprotones, con alta energía cinética. Estas máquinas se utilizan con fines industriales, médicos y para el estudio de la estructura de los materiales. A nivel de experimentación teórica, en física de partículas su uso permite obtener haces de partículas de alta energía utilizados para sondear objetos muy pequeños. En particular, el "Large Hadron Collider" (LHC) de Ginebra, que entró en funcionamiento el 10 de septiembre de 2008, se extiende sobre una circunferencia de 27 kilómetros y fue diseñado para acelerar protones hasta permitir su estudio en condiciones similares a las del primero momentos de la vida del Universo, inmediatamente después del Big Bang.

Aunque absorto en estos compromisos, Bell también encontró tiempo para dedicarse a las cuestiones básicas de la teoría cuántica que habían sido olvidadas. En 1964, unos treinta años después del ensayo sobre la paradoja EPR, Bell reabrió el debate sobre este tema que ya parecía dejado de lado y escribió un artículo para la revista "Physics" titulado "Sobre la paradoja de Einstein-Podolsky-Rosen". (Sobre la paradoja de Einstein -Podolsky-Rosen) en el que se enfrentó al problema de las variables ocultas.

La pregunta de Bell era si la teoría cuántica necesitaba variables ocultas, como argumentó Einstein, para ser colocada de manera tranquilizadora en la categoría de fenómenos deterministas. Creía que esto era fundamental para sacar a la física cuántica del callejón sin salida de la no localidad, es decir, de la posibilidad de que dos partículas pudieran comunicarse entre sí de forma no local, influyéndose entre sí sin límites de espacio y tiempo.

Como ya hemos visto, Einstein, a pesar de ser uno de los fundadores de la teoría cuántica, dudaba de su exhaustividad. Desde su punto de vista, una teoría más completa habría tenido que predecir la existencia de elementos de la realidad, o variables ocultas, para preservar el concepto de localidad. Además, la no localidad habría estado en contraste con su teoría de la relatividad. De hecho, la teoría de la relatividad excluye que los efectos de una acción física puedan observarse instantáneamente a distancia. Esto habría llevado a la transmisión de información más rápido que la velocidad de la luz. En cambio, la teoría de la relatividad de Einstein tiene entre sus fundamentos una velocidad de la luz muy precisa, igual a 299.792,458 kilómetros por segundo. Es un parámetro que, si no se tiene en cuenta, haría colapsar toda la teoría.

Desgraciadamente, en el momento en que Einstein expresó sus objeciones, el único campo teórico aún se estaba trabajando, dada la imposibilidad de realizar comprobaciones debido a la inadecuación del hardware experimental. En consecuencia, el "realismo local" de Einstein, válido a nivel teórico pero contrastado con hipótesis igualmente válidas teóricamente, quedó confinado al nivel de un tema de debate filosófico.

El desbloqueo de este callejón sin salida se produjo cuando, en 1964, John Bell volvió a poner la cuestión sobre la mesa planteando el problema en términos que pueden verificarse mediante experimentos. Éstos tenían que permitir la medición de propiedades físicas de partículas distantes entre sí, pero unidas entre sí (correlacionadas) por efectos cuánticos.

Bell formuló la famosa "desigualdad de Bell" sobre el fondo. En esta teoría demostró que ninguna adición de variables ocultas, como se presenta en la paradoja EPR, podría reproducir todas las propiedades predichas por la mecánica cuántica, en particular las relacionadas con el entrelazamiento.

La desigualdad de Bell destacaba una alternativa: o una teoría cuántica que caía bajo el paraguas de la localidad de Einstein era correcta gracias a la contribución de variables ocultas, o la mecánica cuántica de Bohr y la Escuela de Copenhague era correcta, con sus implicaciones de no localidad. Excluía, por supuesto, que ambas teorías pudieran ser correctas.

De hecho, Bell desarrolló su teoría asumiendo que existía la posibilidad de imaginar la integración de la teoría cuántica con variables ocultas, como había sugerido Einstein.

Esto concordaba con otros estudios realizados por David Bohm, de los que hablaremos en breve, según los cuales las variables ocultas eran vectores de información. Es decir, sugería que las partículas ya estaban dotadas de un conjunto de instrucciones que les indicaban de antemano cuál debía ser su comportamiento en todas las circunstancias.

La desigualdad de Bell tenía la ventaja de permitir una verificación experimental midiendo la polarización de los fotones. Los experimentos realizados posteriormente fueron la "pistola humeante" contra el realismo local y demostraron que las "horripilantes acciones a distancia", previstas por la paradoja EPR, son firmemente parte de la realidad.

Sobre todo, estos experimentos muestran indudablemente que, incluso en la hipótesis de la existencia de variables ocultas, sería imposible negar el principio de no localidad.

En su libro "Información. El nuevo lenguaje de la ciencia" Hans Christian von Baeyer, académico estadounidense, escribe: "Contrariamente a la intuición de Einstein, Dios no solo juega a los dados, sino que parece ser el único en quien podemos confiar para tener una juego honesto".

Los experimentos que confirman la no localidad.

En 1969, Bell recibió una carta del joven físico de Berkeley, John Clauser, en la que le decía que había ideado un experimento para probar su teoría de la desigualdad. No fue el único que llevó a cabo este tipo de experimentos. La verificación de los resultados experimentales tendía a determinar la naturaleza local o no local del mundo físico real. El avance de la tecnología a lo largo de los años ha llevado a mejoras significativas en la eficiencia, pero en cualquier caso, todos los experimentos confirmaron la teoría cuántica de la no localidad y proporcionaron resultados que no podían explicarse ni siquiera agregando variables ocultas.

En 1972 John Clauser, en colaboración con Stuart Freedman, utilizó átomos de calcio para obtener, con el doble salto cuántico de un electrón, un par de fotones correlacionados. Realizando una serie de mediciones durante unas 200 horas, Clauser y Fredman obtuvieron la confirmación del fenómeno de enredo y no localidad. Este resultado desconcertó al propio Clauser, quien tendía a demostrar la inconsistencia de la teoría cuántica. Quizás por eso el experimento no recibió la atención que merecía.

Distinto fue el caso de los experimentos realizados por Alain Aspect, (fig. 49) nacido en 1947 en Agen, un pequeño pueblo francés no lejos de Burdeos.

A diferencia de Clauser, Aspect entendió que la teoría cuántica estaba logrando un gran éxito científico a nivel teórico y que el conflicto entre localidad y no localidad sugerido por la desigualdad de Bell podría resolverse mediante experimentos que derrotarían la tesis de la localidad; Aspect confiaba en poder demostrar la teoría cuántica y sus efectos no locales.

A mediados de la década de 1970, cuando aún era estudiante de doctorado, propuso un experimento real, que se basaba en dos fotones únicos pero relacionados porque eran emitidos juntos por la misma fuente atómica. En su experimento, los dos fotones habrían viajado en direcciones opuestas entre sí y habrían sido controlados por dos detectores colocados a distancia.

La idea era muy original. Bell, cuando se le preguntó, dio su aprobación; pero con reservas. Primero quiso comprobar que el joven francés ya tenía un sueldo fijo. De hecho, Bell creía que la idea de Aspect era tan extraña que podría haber puesto en peligro su carrera.

Después de un largo trabajo preparatorio, Aspect y sus colaboradores, Jean Dalibard y Gérard Roger, dos investigadores del "Institut d'Optique Graduate School", realizaron el experimento tres veces entre 1981 y 1982. Su compromiso no disminuyó debido a las dificultades económicas. Entre otras cosas, fabricaron a mano polarizadores que, gracias a su rápida rotación, podrían haber dado respuesta a la cuestión de la ubicación. Estos polarizadores se encuentran actualmente expuestos en la histórica vitrina del Institut d'Optique donde se realizaron los experimentos en la dependencia de Orsay. La sede del Institut, por su parte, se encuentra en Palaiseau, en el campus de la Universidad Paris-Saclay.

El trabajo de Aspect fue premiado; él y su equipo encontraron la mejor confirmación posible de la no localidad en la mecánica cuántica y negaron rotundamente cualquier posible teoría de la variable oculta local.

Las consecuencias de los experimentos fueron mucho más allá de demostrar la validez de la mecánica cuántica, pero destacaron el papel fundamental que juega el entrelazamiento. Como hemos visto, en el estado entrelazado la observación del estado de un fotón nos permite deducir el estado del otro.

Los experimentos de Aspect han tenido una enorme resonancia y han dado paso a una larga sucesión de investigaciones teóricas y experimentales sobre el entrelazamiento. Se puede decir que los experimentos de Alain Aspect marcaron el comienzo de la Ciencia de la Computación Cuántica.

En 2013 Aspect recibió el prestigioso Premio Balzan con la siguiente motivación:

> "Por sus experimentos de vanguardia que confirmaron la Mecánica Cuántica, en contraste con las teorías con variables ocultas locales. Su trabajo allanó el camino para el control experimental de estados cuánticos entrelazados, un elemento esencial de la computación cuántica".

Figura 49 - Alain Aspecto. Desde principios de la década de 1980 realizó varias veces el experimento propuesto por John Bell para confirmar la paradoja EPR. El experimento, por otro lado, confirmó la teoría del entrelazamiento de partículas correlacionadas..

Entre los experimentos posteriores es útil recordar el de Wolfgang Tittel. Este académico obtuvo su doctorado en la Universidad de Ginebra, trabajó como postdoctorado en la Universidad de Aarhus y la Universidad de Ginebra y en 2006 ingresó a la Universidad de Calgary (Canadá) como presidente de investigación industrial. Se ha involucrado en experimentos innovadores desde el comienzo de los estudios de comunicación cuántica aplicados a la criptografía.

En 1988, junto con el "Grupo de Ginebra" realizó un experimento con el que demostró que la distancia no afecta al enredo. La luz se enviaba a través de cables de fibra óptica a distancias de varios kilómetros antes de ser analizada, sin que variaran los resultados.

Diez años después, en 1998, Gregor Weihs y su equipo de Innsbruck encabezado por Anton Zeilinger llevaron a cabo un experimento que mejoró el de Aspect de 1982, confirmando los mismos resultados.

Desafortunadamente, Bell murió inesperadamente en 1990 de una hemorragia cerebral sin poder recibir el Premio Nobel para el que acababa de recibir la nominación.

Parte tres. Los prospectos.

Todo es "una cosa".

Si Dios creó el mundo, no podemos decir que se preocupó mucho de facilitar la comprensión.
(Albert Einstein)

Los experimentos de Alain Aspect representaron la confirmación definitiva de las predicciones de la mecánica cuántica y, en particular, del no determinismo y la no localidad.

En el contexto de la aceptación general de estos principios, todavía había algún científico que se distinguía como inconformista y no quería abandonar el intento de enmarcar la mecánica cuántica en un contexto determinista. Me refiero a David Bohm. Sin embargo, en su afán por racionalizar lo no racionalizable acabó desarrollando una versión aún más romántica, si cabe, de la ortodoxa cuántica, y mereció plenamente el puesto en el Olimpo de los filósofos de la ciencia.

La historia que cuento en esta tercera parte es la de un hombre sumamente honesto y decidido en sus atrevidas teorías científicas, que no dudó en transponer sus teorías al comportamiento social. Esto le valió poderosas antipatías cada vez que se encontraba operando en contextos conformistas y políticamente intolerantes, como los típicos de su época.

David Bohm

David Bohm, físico y filósofo estadounidense, nació el 20 de diciembre de 1917 en Wilkes-Barre, ciudad de los Estados Unidos de América situada en el centro del valle de Wyoming, en el condado de Luzerne, al noreste de Pensilvania.

Es conocido principalmente por haber ideado una interpretación de la mecánica cuántica en la que desarrolla el concepto de "onda piloto" de Louis de Broglie e introduce el concepto de potencial cuántico.

Sus padres eran de origen judío. Su padre, Samuel Bohm, era un emigrante húngaro y su madre era de Lituania.

El padre, dueño de una tienda de muebles, también era asistente del rabino local. Él mismo se ocupó de la educación juvenil de su hijo David. A la edad de 17 años, en 1930, David comenzó a asistir al Pennsylvania State College, donde conoció por primera vez la mecánica cuántica y se sintió atraído por ella, convirtiéndola en el tema de sus estudios hasta que se graduó en física en 1939.

David continuó sus estudios bajo la dirección de Robert Oppenheimer. Recuerda que la fama de este científico está ligada principalmente a la construcción de la primera bomba atómica como parte del proyecto Manhattan. Posteriormente, Oppenheimer tuvo una crisis de conciencia y se negó a trabajar para la bomba de hidrógeno.

Quizás fueron las enseñanzas de Oppenheimer las que ayudaron a desarrollar aún más el fuerte sentido moral de la justicia de Bohm.

Tras continuar sus estudios en CalTech (California Institute of Technology) en Pasadena, se matriculó en la UC (Universidad de California) en Berkeley, donde obtuvo su doctorado en 1943. Bohm ejerció su actividad como físico teórico en las más importantes universidades americanas.

De 1947 a 1951 enseñó en la Universidad de Princeton mientras se dedicaba al estudio de los plasmas.

El plasma es un gas altamente ionizado y, en su conjunto, eléctricamente neutro: en concreto, un sistema formado por iones positivos y negativos libres, con concentraciones iguales.

El término "ionizado" indica que una fracción significativamente grande de electrones ha sido despojada de sus respectivos átomos.

Se considera que el plasma es el cuarto estado de la materia, que se destaca y se suma al sólido, líquido y gaseoso. En este sentido, reproduce la idea de los cuatro elementos (fuego, tierra, aire y agua), que históricamente se remonta al filósofo griego Empédocles.

El plasma fue identificado por Sir William Crookes en 1879, pero el nombre "plasma" se debe a Irving Langmuir, quien lo acuñó en 1928.

Hasta finales del siglo pasado, los estudios sobre plasmas seguían siendo en su mayoría una curiosidad, con muy pocas excepciones, entre las que cabe recordar las de Nikola Tesla sobre descargas de plasma, lámparas de plasma y plasma frío utilizados en la producción de ozono. A partir de 1920 Irving Langmuir estudió la interacción de los plasmas con las paredes del recipiente en el que se formaban, obteniendo el Premio Nobel en 1932.

Se desarrolló un interés más concreto por los plasmas cuando la Conferencia Átomos para la Paz de Ginebra inició estudios sobre la explotación pacífica de la fusión nuclear.

En su estudio sobre los plasmas, Bohm notó de inmediato la peculiaridad, propia de los electrones cuando pasan a formar parte de un plasma, de perder su "individualismo" para comenzar a comportarse como parte de una realidad mayor e interconectada, dando la impresión de estar animados por una inteligencia coordinadora. su actividad

Pronto descubrió, junto con su colega Yakir Aharonov, el Efecto Aharonov-Bohm, un fenómeno de la mecánica cuántica en el que una partícula cargada se ve afectada por campos electromagnéticos en regiones donde estos campos son cero.

En 1947 Bohm estudió el comportamiento de los electrones en los metales. Sobre la base de lo que observó para los plasmas, notó que incluso en los metales los movimientos individuales de los electrones individuales pueden producir efectos "colectivos" organizados.

En su interpretación filosófica, Bohm llegó a identificar el comportamiento de las masas de electrones con el de las comunidades de seres humanos. Estableció una conexión entre los comportamientos coordinados de los electrones individuales en los metales y los de los individuos en sus contextos sociales. Según Bohm, el comportamiento típico de los plasmas era una metáfora válida del comportamiento humano organizado. Desarrolló la convicción de que las mayores analogías eran aquellas entre las "sociedades de plasma" y las sociedades humanas organizadas según las teorías marxistas.

Figura 50: el físico David Bohm propuso una fascinante interpretación holística de la mecánica cuántica, que contrarrestó la visión ortodoxa conocida como "Interpretación de Copenhague".

Estas sugerencias reforzaron los primeros ideales marxistas de Bohm. En años posteriores abandonó decididamente estas ideas por su fundamento materialista y prefirió dedicarse a una visión más espiritual del cosmos.

Los resultados de sus estudios sobre el comportamiento de los electrones en los metales convencieron a su antiguo maestro, Oppenheimer, de incluirlo entre los científicos llamados a trabajar en Los Álamos, en el Proyecto Manhattan, un programa de investigación y desarrollo en el campo militar que condujo a la creación de las primeras bombas atómicas durante la Segunda Guerra Mundial. Desafortunadamente, Bohm tenía un trasfondo político poco tranquilizador para la época y el general Leslie Groves se opuso a la entrada de Bohm en el proyecto, debido a las ideas que profesaba en su juventud.

Estas sugerencias reforzaron los primeros ideales marxistas de Bohm. En años posteriores abandonó decididamente estas ideas por su fundamento materialista y prefirió dedicarse a una visión más espiritual del cosmos.

Los resultados de sus estudios sobre el comportamiento de los electrones en los metales convencieron a su antiguo maestro, Oppenheimer, de incluirlo entre los científicos llamados a trabajar en Los Álamos, en el Proyecto Manhattan, un programa de investigación y desarrollo en el campo militar que condujo a la creación de las primeras bombas atómicas durante la Segunda Guerra Mundial. Desafortunadamente, Bohm tenía un trasfondo político poco tranquilizador para la época y el general Leslie Groves se opuso a la entrada de Bohm en el proyecto, debido a las ideas que profesaba en su juventud.

El "potencial cuántico".

El principio de Heisenberg establece que no es posible establecer cuál es la trayectoria de una partícula, como un electrón, ya que sería necesario conocer su velocidad y posición al mismo tiempo. Como ya se mencionó, la única posibilidad es calcular una función de onda, dentro de la cual la partícula ocupa una posición probabilística. Cuando se realiza una medición, la partícula se "colapsa" y aparece en un lugar preciso, pero entre una medición y otra "desaparece" en una nube de probabilidad.

Esto no complació a Bohm; rechazó la noción de que la función probabilística podría ser la mejor representación posible de una partícula. Por lo tanto, decidió investigar la forma en que un electrón establece la trayectoria que tendrá que recorrer. En pocas palabras, trató de reintroducir el concepto de causalidad, es decir, identificar un mecanismo preciso capaz de guiar partículas. De esta manera las partículas se liberarían del contexto indeterminado y probabilístico.

Bohm partió del principio de incertidumbre de Heisenberg y reelaboró la fórmula, agregando un nuevo parámetro, el "potencial cuántico". Con esto creó una nueva matemática cuántica, la "mecánica de Bohmian." Esta teoría aún es muy debatida por sus implicaciones metafísicas.

La "mecánica bohmiana" propone que la partícula no se mueve al azar, sino respondiendo a una fuerza, el "potencial cuántico". Esta fuerza proporciona información a la partícula a través de conexiones instantáneas, es decir, no locales.

Para operar de forma no local, el potencial cuántico debe conservar su intensidad independientemente de la distancia. Es decir, el potencial cuántico debe operar de manera opuesta a todas las demás fuerzas electromagnéticas. Como se sabe, las otras fuerzas electromagnéticas disminuyen debido a la inversa del cuadrado de la distancia.

Según Bohm, el potencial cuántico impulsa al electrón de una forma que no es aleatoria ni mecánica, sino inteligente. En otras palabras, Bohm defiende la existencia de un campo de información, gracias al cual la partícula no está sujeta a los misteriosos caprichos del azar sino que está constantemente informada sobre el entorno que la rodea, obteniendo información del mismo entorno. Evidentemente, Bohm sugiere un entorno metafísico, sin espacio y sin tiempo.

Metáforas de David Bohm.
El barco
El potencial cuántico representa la información que impulsa la nave.
Los motores representan la fuerza que impulsa el barco.

Figura 51 - En la metáfora de la nave, Bohm representa la partícula como una nave empujada por la "fuerza bruta" de sus motores pero guiada por la inteligencia de la instrumentación, es decir, por el potencial cuántico que extrae información global y transmite al barco.

Metáforas de David Bohm. El barco

A El potencial cuántico representa la información que impulsa la nave.

B Los motores representan la fuerza que impulsa al barco.

Por tanto, cuando las partículas se mueven a su paso (y recordad que las partículas están en constante agitación) no lo hacen de forma aleatoria sino que responden al paquete de información que les proporciona el potencial cuántico. De esta forma, Bohm restablece un comportamiento determinista para las partículas elementales, que sin embargo se debe a una fuerza absolutamente misteriosa.

Bohm representa este concepto con una de sus famosas metáforas, la del barco.

Un barco (fig. 51) es capaz de moverse gracias a la potencia de sus motores, pero está guiado por instrumentos de navegación, sin los cuales nunca llegaría a un puerto y correría el riesgo de estrellarse contra algunos bajíos a cada momento.

Los motores representan el poder, las certezas de la física clásica que hacen que el barco se mueva en el mar. En cambio, los instrumentos de navegación, desde la antigua brújula hasta el radar moderno, son la información que determina el rumbo seguro y representan el potencial cuántico.

Una pequeña señal de radar, no demasiado fuerte, es suficiente para guiar el barco. Según Bohm, el potencial cuántico no depende de la intensidad sino de la forma. Es una energía que, aunque modesta, está muy bien informada y logra dar forma a la gran energía de los motores, que en sí misma sería "bruta" y "¡sin forma!..

Muchos elementos concretos sugieren que el potencial cuántico no es solo una abstracción teórica de Bohm. La misma teoría cuántica clásica predice la existencia de un inmenso mar de energía que impregna todo el universo. Este depósito casi infinito sería el "vacío cuántico", también conocido como "campo de punto cero" o "efecto Casimir". Esta última definición se deriva del hecho de que la existencia del "vacío cuántico" fue demostrada por el físico holandés Hendrik Casimir ya en 1948.

El efecto Casimir consiste en la atracción que se crea entre dos cuerpos situados en el vacío, es decir, donde no debería haber motivo de atracción. Sin embargo, dado que la atracción está ahí, significa que el vacío no está realmente vacío. De hecho, se supone la presencia de una fuerza, llamada campo de punto cero. Este campo surge de la energía del vacío, determinada por partículas virtuales que se crean continuamente como resultado de las fluctuaciones cuánticas, tal como prevé el principio de incertidumbre de Heisenberg.

Por lo tanto, el vacío tiene una "energía subyacente" o "trascendente a la realidad de la materia", que se extiende a cada área "vacía" del universo. La densidad de su energía ha sido estimada en valores inmensos, que establecen una relación desproporcionadamente desequilibrada con la del cosmos que conocemos y que se presenta en forma de materia.

Si tomamos la imagen del átomo, recordamos que se considera que está compuesto casi en su totalidad por vacío. Pues bien, el efecto Casimir predice que ese vacío no es vacío, sino energía. De esto entendemos cómo la energía del vacío es inmensamente mayor que la del "no vacío". Si permitimos que toda esta energía tenga la capacidad de expresarse en forma de potencial cuántico, nos daremos cuenta del poder del concepto desarrollado por Bohm.

El papel del observador.

La mecánica cuántica predice que la realidad cósmica es el resultado de dos factores: una fuerza "bruta" inherente a la materia, y un "sistema guía" que proporciona a la materia instrucciones capaces de hacer que su fuerza actúe inteligentemente.

El primer factor, la fuerza bruta, caracteriza el nivel macroscópico o mediano en el que vivimos y que interpretamos según las leyes de la física newtoniana y la relatividad de Einstein. En este nivel, el papel del observador no tiene influencia. De hecho es muy difícil que, al observar un fenómeno, podamos cambiar su desarrollo. No podremos mover ninguna silla mirándolo. Al mismo tiempo, ninguna silla se moverá en dos caminos diferentes cuando no la estemos mirando.

El segundo factor, es decir, el sistema de guía, requiere que el observador sea parte del fenómeno mismo e influya en su desarrollo simplemente observándolo. Como ya fue mencionado. esto sucede en el caso de los fotones que se comportan como partículas cuando son observados y como ondas cuando no son observados.

A nivel subatómico, el papel del observador adquiere características muy particulares. El observador se convierte en parte de un único sistema que lo incluye tanto a él mismo como al objeto observado. Observador y observado se vuelven indistinguibles y ejercen una influencia recíproca que no puede ser ignorada.

En física cuántica el científico no puede imaginarse siendo un observador objetivo "colocado afuera", porque su sola presencia ayuda a modelar la realidad que está observando.

John Wheeler fue un físico estadounidense, una figura carismática de la física de las décadas de 1930 y 1940; bajo su liderazgo se formaron muchos físicos famosos, incluido Richard Feynman. Wheeler, entre otras cosas, acuñó el término "warmhole" que indica los posibles túneles espaciales o pasajes entre las diferentes regiones del espacio-tiempo.

Wheeler cree que la participación del observador en la realidad subatómica observada es incluso el aspecto más importante de la física cuántica, hasta el punto de que propone eliminar el término "observador" reemplazándolo por el de "participante". Expresa esta creencia en una cita famosa:

> "En mecánica cuántica nada es más importante que el hecho de que el concepto entendido como "algo que está fuera de aquí" sea destruido.
>
> Esto es cierto incluso cuando el observador está a una distancia segura, separado del objeto observado con placas de vidrio de veinte centímetros de espesor. Al observar un objeto tan diminuto como un electrón, el observador debe ir más allá del cristal: debe "entrar" para instalar el aparato de medición que ha elegido. Depende de él decidir si medir la posición o el impulso. La instalación del dispositivo para medir una de las dos cantidades le impide instalar otro dispositivo para medir la otra cantidad.
>
> Además, la medida cambia el estado del electrón. Después de la medición, el universo ya no es el mismo.

> Para describir lo que sucedió, la antigua palabra "observador" debe eliminarse y reemplazarse por la nueva palabra "participante". En cierto modo, el universo es un universo participativo".

Ya he tratado este tema en la primera parte del libro, a la que me refiero: El universo existe porque lo miramos.

Sin fragmentación.

Según Bohm, las partículas subatómicas, gracias al potencial cuántico, están inmersas en un "campo de forma". Desde este campo, las partículas reciben toda la información necesaria en cada momento para decidir cómo moverse.

Pero, como el nivel macroscópico está compuesto por un número casi infinito de partículas subatómicas, todo ser vivo está sujeto a un campo de forma que, en cada instante, sugiere a cada partícula de su cuerpo las coordenadas de sus movimientos microscópicos.

La diferencia entre los dos factores (macroscópico y microscópico) es que el primero necesita espacio y tiempo para producirse, es decir, tiene características locales, mientras que el factor microscópico, que es el sistema guía, no necesita ni espacio ni tiempo, y por tanto existe en una dimensión no local. El sistema de orientación es la expresión de un "infinito" situado fuera del espacio y del tiempo. El sistema rector no produce información recibiéndola de un lugar específico, sino que la posee en un "todo universal", una especie de preespacio que contiene la conciencia del universo.

En el contexto de la mecánica bohmiana las partículas de un sistema, cualquiera que sea la distancia a la que se encuentren, están conectadas de forma no local a través del potencial cuántico. La consecuencia más inmediata es la comprensión de que no existen objetos separados e independientes, sino que el todo está interconectado para formar una sola cosa.

Además, como ya hemos visto, no existe un todo que sea "otro" de nosotros y que podamos observar desde fuera, sino que nosotros mismos somos parte activa del todo. La mecánica cuántica manifiesta un universo totalmente interconectado. Es una realidad que no podemos descomponer en partes elementales con vida independiente, al punto que ni nosotros mismos, observándola, podemos llamarnos a nosotros mismos, estableciendo que "el universo está allá afuera y nosotros estamos aquí". Al estudiar la intimidad de la materia, llegamos a comprender que las partículas que la componen no representan los bloques de construcción fundamentales en el sentido pretendido por Demócrito. Las partículas son puras idealizaciones, hipótesis de estudio capaces de proporcionar representaciones ideales de una realidad imposible de representar. De hecho, las partículas son abstracciones convencionales.

En realidad existe una interconexión cósmica formada por energías vibratorias probabilísticas, que no pueden ubicarse exactamente en el espacio tal como lo entendemos. Sobre el fondo, Bohm se expresa así en el ensayo escrito junto con Basil Hiley para la revista "Foundation of Physics", publicado en 1975 con el título "Sobre la comprensión intuitiva de la no localidad como implica la teoría cuántica". (Sobre la comprensión intuitiva de la no localidad implícita en la teoría cuántica):

> "Hemos derribado la concepción clásica habitual según la cual las "partes elementales" independientes del mundo son la realidad fundamental, y los diversos sistemas son sólo formas y arreglos particulares y contingentes de estas partes. De hecho, decimos que la realidad fundamental es la inseparable interconexión cuántica de todo el universo y que las partes que tienen un comportamiento relativamente independiente son sólo formas particulares y contingentes dentro de este todo".

Figura 52 - Metáfora de Bohm sobre la superposición cuántica.
Metáforas de David Bohm. El pescado.
El mismo pez, visto desde diferentes ángulos, puede dar la impresión de que son dos peces.

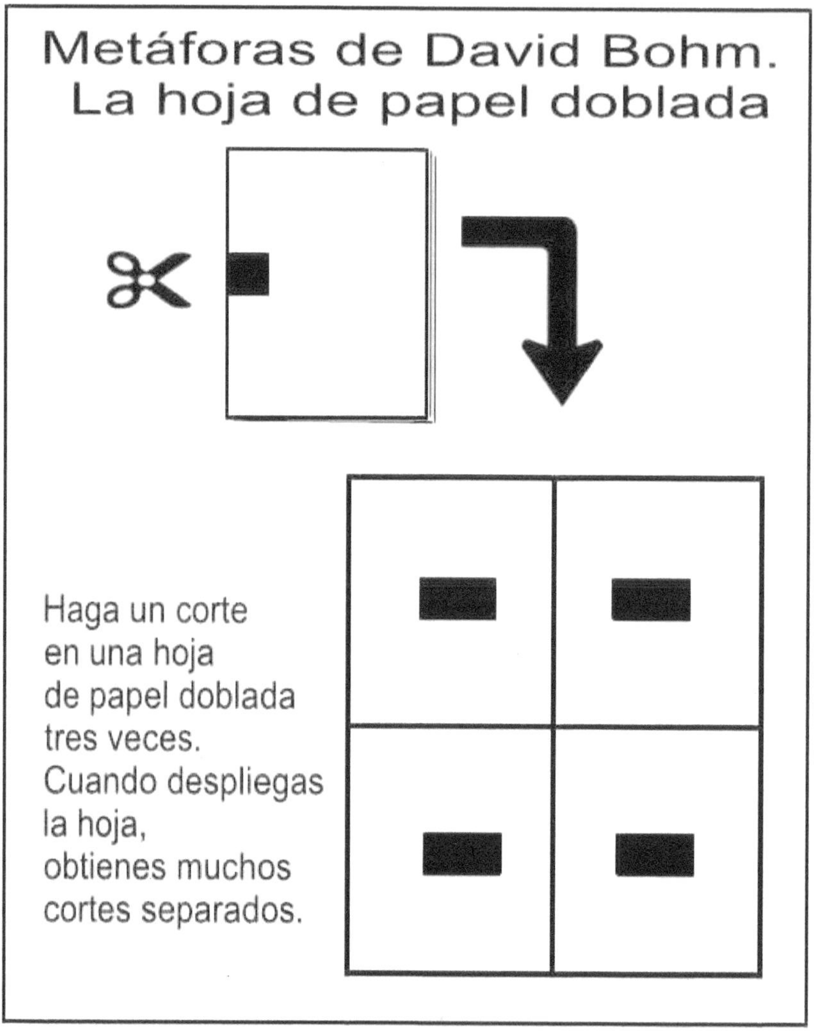

Figura 53 - Los numerosos agujeros que aparecen en la hoja desplegada son, en realidad, el resultado de un solo corte.

Metáforas de David Bohm. La hoja doblada.

Haz un corte en una hoja de papel doblada tres veces.

Cuando despliegas la hoja obtienes muchos cortes separados.

Como diciendo que el carro del rey Milinda no es la suma completamente aleatoria de ruedas, eje y caballos, como pretende el materialismo, sino que estos elementos son, en cambio, partes ocasionales de una realidad que es el carro.

Cualquiera que sea la forma que tome el eje, cualquiera que sea el número de radios que tengan las ruedas, cualquiera que sea el color o el número de caballos, es completamente irrelevante para el triunfo del proyecto del carro trascendente.

A nivel subatómico, los objetos en los que se materializa la materia sólida se disuelven en ondas de probabilidad interconectadas en un todo

No hay fragmentación, sino sólo un unicum lleno de vibraciones. Si usamos anteojos de física cuántica, ya no podemos ver el universo como una colección de diferentes objetos, desde granos de polen hasta galaxias, bien definidos y distintos entre sí. Lo que se nos aparece es una inmensa red de energías relacionadas en un todo que también nos incluye a nosotros.

En el ensayo "Interpretación de la matriz S de la teoría cuántica", el físico estadounidense Henry Pierce Stapp afirma:

> "El mundo aparece como una complicada red de eventos, en la que diferentes tipos de interconexiones se alternan, superponen y combinan, determinando la estructura del todo".

La metáfora del pez fotografiado desde diferentes ángulos (fig. 52) describe magníficamente el concepto según el cual, aunque aparentemente existen diferentes manifestaciones de un objeto, como para hacer creer que se trata de varios objetos distintos, en realidad es un objeto solamente.

"Orden implícita" y "Orden explícita".

"En un nivel muy profundo, la materia y la conciencia son completamente inseparables e interconectadas, al igual que en un videojuego, el jugador y la pantalla están unidos por la participación en un proceso común. Desde este punto de vista, la mente y la materia son dos aspectos de un todo único y no son más separables que la forma y el contenido. En niveles muy profundos, la conciencia de la humanidad es una.

(David Böhm)

Metáforas de David Bohm.
La tinta en la glicerina

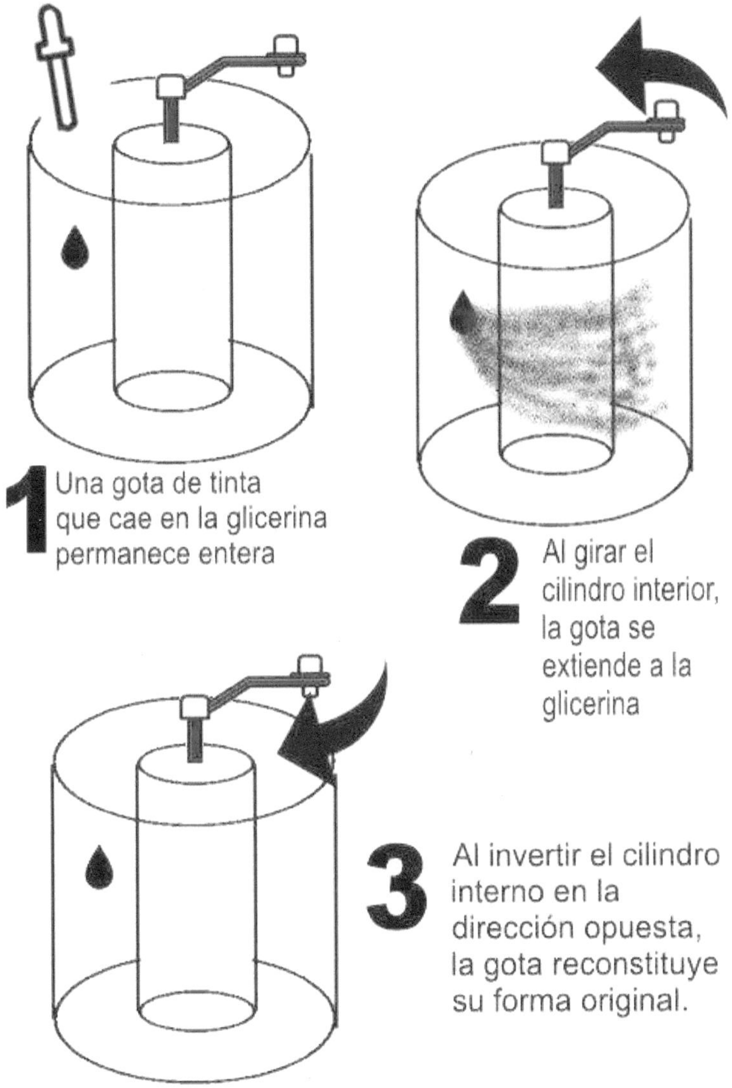

Figura 54 - Metáfora de David Bohm sobre una gota de tinta dispersa en glicerina.

Metáforas de David Bohm. La tinta en la glicerina

1 Una gota de tinta echada en la glicerina queda entera

2 Al girar el cilindro interior, la gota se esparce en la glicerina

3 Al girar el cilindro interior en sentido contrario, la gota recupera su forma original.

En sus estudios sobre el plasma, a Bohm le fascinaba cómo, en una situación superficial de aparente caos, el orden podía emerger repentinamente de una capa más profunda. Esta experiencia lo impactó hasta el punto de convertirla en un elemento característico de todos sus estudios. Cada una de sus intuiciones partía de la posibilidad de que un fenómeno pudiera ser comprendido en sus connotaciones más íntimas a partir del supuesto de la existencia de una "inteligencia reguladora" subyacente, o implícita.

Esto lo llevó a teorizar la existencia de un orden trascendente de tiempo y espacio, inherente a los pliegues más profundos de la realidad, al que denominó "orden implicado" u "orden envuelto". Bohm supuso que este orden no existía solo en el mundo de las partículas elementales, sino en todo el universo. El orden implicado, propio de la parte más oculta del cosmos, se opone al "orden explicado", es decir, el orden de las cosas tal como las vemos, o como se nos aparecen en nuestra experiencia.

Bohm tuvo las primeras intuiciones de la existencia de un orden implicado cuando soñó con un universo compuesto por una infinidad de espejos esféricos, que se reflejaban unos en otros. Imaginó la materia como compuesta de átomos donde cada átomo, como un espejo, refleja infinitos reflejos.

La metáfora de la figura 53 ilustra qué relación puede existir entre el orden implicado y el orden explicado. Imaginemos doblar una hoja de papel en tres o más partes. Con las tijeras abrimos una sola ventana en cualquier punto de la hoja. Bastará que desdoblemos la hoja para advertir la existencia de muchas ventanas, espacialmente separadas unas de otras: esta separación es completamente ilusoria si consideramos la hoja plegada, pero se expresa a nuestros sentidos como una suma de ventanas cuando desplegar la hoja. Evidentemente, la hoja doblada representa el orden implícito, mientras que la hoja desplegada representa el orden explicado.

A Bohm le encantaba elaborar metáforas para apoyar sus argumentos. En cuanto al orden implicado y explícito, imaginó una dimensión implicada que contiene la información de la realidad en una forma que no es inteligible para nuestros sentidos, pero capaz de expresarse en formas y maneras que nos son comprensibles, incluso si ya no corresponden a la realidad.

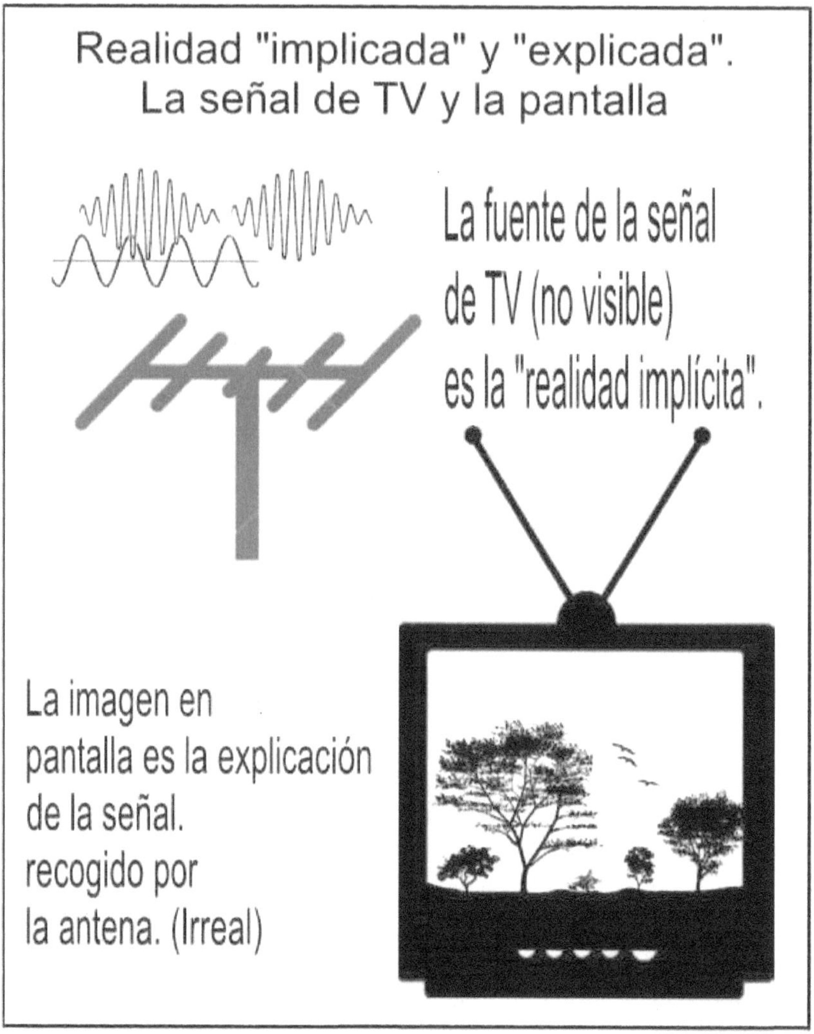
Realidad "implicada" y "explicada".
La señal de TV y la pantalla
La fuente de la señal
de TV (no visible)
es la "realidad implícita".
La imagen en
pantalla es la explicación
de la señal.
recogido por
la antena. (Irreal)

Figura 55 - La "realidad explicada" es solo una interpretación irreal de las señales recibidas de una fuente externa a través de la antena.

Realidad "implicada" y "explicada".

La señal de TV y la pantalla.

a - La fuente de la señal de TV (no visible) es la "realidad implícita".

B - La imagen en la pantalla es la explicación de la señal recogido por la antena. (Irreal.

Realidad "implicada" y "explicada".
El videojuego

Los eventos que
se desarrollan
en la pantalla son
la "realidad explicada"

El software que guía los eventos
es la "realidad involucrada"

Figura 56 - La realidad explícita (lo que ves en la pantalla) es la representación, adaptada a nuestros sentidos, de la realidad implicada, es decir, del software proveniente del cartucho cargado en la consola.

Realidad "implicada" y "explicada". El videojuego

a - Los hechos que se desarrollan en la pantalla son la "realidad explicada"

b - El software que guía los eventos es la "realidad involucrada".

En la metáfora de la señal de TV (fig. 55) el orden implicado está compuesto por radiofrecuencias, invisibles e incomprensibles para nosotros, que se extienden en el éter y pueden ser captadas por una antena. Cuando se transfieren al receptor, las frecuencias de radio se expresan para que nuestros ojos y oídos puedan compartirlas. Por supuesto, lo que vemos en la pantalla es solo la transposición en formas y colores de una realidad que de otro modo sería indescifrable.

Más adecuada aún, si cabe, es la metáfora del videojuego (fig. 56) donde una inteligencia ajena a nuestro entorno y a nuestra conciencia, que es el software procedente del cartucho insertado en la consola, nos crea la ilusión de un mundo fantástico. mundo con el que podemos interactuar como si estuviéramos realmente inmersos en él cuando, en realidad, es pura ilusión.

Otra metáfora establece que los dos órdenes se pueden ilustrar configurando el dispositivo en la figura 54 que fue explicado por el mismo Bohm durante una entrevista con el sitio "oubliettemagazine.com":

> "Cuando estaba pensando en el universo involucrado, un programa científico de la BBC mostró un dispositivo que ilustra bien el concepto. Consiste en dos cilindros de vidrio concéntricos. Entre ellos hay un fluido viscoso, como la glicerina. Si una gota de tinta insoluble se pone en la glicerina y se gira lentamente el cilindro exterior, la gota de tinte se estirará en un rastro.Finalmente, el rastro se vuelve tan difuso que se vuelve casi invisible.En ese momento parece que no hay orden presente.
>
> Sin embargo, si gira lentamente el cilindro hacia atrás, la glicerina vuelve a su forma original y, de repente, la gota de tinta vuelve a ser visible. La gota de tinta que estaba dispersa en la glicerina se reconstituye gracias a la rotación inversa".

Tenemos dos cilindros de vidrio concéntricos, uno de los cuales puede girar lentamente. El espacio entre los dos cilindros se llena con un líquido viscoso como la glicerina. Cuando se gira un cilindro, el fluido cercano es arrastrado junto con él. Pero supongamos que el cilindro móvil ahora gira en la dirección inversa. Si el fluido es muy viscoso como la glicerina y el cilindro no gira demasiado rápido, entonces el elemento fluido volverá sobre sus pasos exactamente y reconstituirá la gota de tinta original.

Esta metáfora enseña que existe un orden oculto incluso en el aparente caos. Cuando la forma de la gota de tinta se disuelve hasta desaparecer, su orden no se destruye sino que queda implícito en la glicerina. Esta gota disuelta representa el orden implicado, mientras que la gota entera representa el orden explicado, es decir, la realidad tal como aparece ante nuestros sentidos. La rotación del cilindro juega un papel decisivo y representa la dinámica que unifica los dos órdenes. En la elaboración bohmiana esta dinámica se llama "holomovimiento".

Un holograma cósmico gigante.

El término holograma generalmente identifica imágenes tridimensionales, y en particular imágenes estereoscópicas, es decir, aquellas que aparecen con diferentes perspectivas según el punto de observación. Por tanto, un holograma es una representación tridimensional de la realidad, y podría compararse con una fotografía normal si esta no fuera bidimensional. Al fotografiar un objeto con métodos clásicos, puede verlo exactamente desde el punto de vista de la lente utilizada para tomar la foto. Si filmas a una persona de frente siempre verás su cara pero nunca podrás ver su cuello. Por el contrario, un holograma le dará la imagen tridimensional de la escena, donde los objetos y las personas aparecerán colocados en el centro de un escenario.

Los hologramas se obtienen con técnicas especiales. El registro se realiza a través de un haz de luz láser enviado tanto hacia el objeto a reproducir como hacia una placa de material sensible.

Gracias a un juego de espejos, la luz procedente de la fuente interfiere con la reflejada por el objeto. Como resultado, se forman líneas en la placa, llamadas franjas de interferencia. En palabras más sencillas, en la placa no aparece la imagen del objeto fotografiado, sino una maraña de líneas que contienen información sobre la tridimensionalidad.

Por supuesto, la imagen grabada se puede reproducir con notable precisión, simplemente iluminando la placa con otro rayo láser. Este, de hecho, consigue decodificar la información reconstruyendo la imagen tridimensional del objeto que se está fotografiando, que aparece ante el espectador como si estuviera físicamente presente. Gracias a las mejoras y desarrollos técnicos, los hologramas ahora también pueden verse con "luz blanca" o luz solar.

Hoy también existen hologramas impresos, en los que se reproduce la red de difracción sobre un soporte de plástico transparente, colocado a su vez sobre una capa de plata. Podemos ver hologramas similares, por ejemplo, en algunas tarjetas de crédito.

Un holograma tiene una peculiaridad muy interesante, que lo distingue claramente de una foto normal en la que la información se cristaliza en el papel. Si corta una fotografía en dos partes y tira una parte, la información que contenía puede considerarse perdida para siempre. Nunca podrás reconstruir, a partir de la mitad superviviente, el contenido de la que falta, si no es por aproximación intuitiva.

Por el contrario, un holograma se puede dividir en tantas partes como se desee, y cada parte conservará la información total.

Bohm sugiere la metáfora del imán (fig. 57). Este objeto, comúnmente llamado imán, es un cuerpo metálico que genera un campo magnético invisible al ojo humano, y produce los efectos universalmente conocidos: puede atraer o repeler otros imanes, además de los materiales ferrosos. El imán tiene dos polos, llamados norte y sur. Si se permite que el imán gire libremente, el polo norte es el que mira hacia el norte. Obviamente, en el extremo opuesto está el polo sur.

Figura 57 - Un imán puede representar una realidad holográfica. Si el imán se divide en cualquier número de partes, cada parte retiene las características del todo.

Información holográfica. Cada parte contiene el todo

Un imán se puede dividir en muchas partes. Cada parte conserva los polos positivo y negativo.

Se podría pensar que, al aserrar el imán por la mitad, se obtienen dos partes, una con solo el polo norte y la otra solo con el polo sur. No es tan. Cada una de las dos partes reconstituye inmediatamente el polo que falta. Puedes dividir un imán en tantas partes como quieras; en cualquier caso, por pequeño que sea, cada parte estará dotada de un polo norte y un polo sur, es decir, cada parte mantendrá intacta toda la información del imán original del que se obtuvo.

Al cortar un holograma en dos, diez, cien o mil partes sucede lo mismo. Cada parte guarda toda la información de la matriz de la que proviene.

Además, un holograma tiene una capacidad de almacenamiento increíble desde un punto de vista cuantitativo: basta con cambiar el ángulo con el que dos rayos láser graban la película para acumular millones de billones de información en un solo centímetro cúbico de espacio.

La analogía con el "universo implicado" es evidente: aquí también cada parte está interconectada con todas las demás formando una sola cosa, y en esta red de conexiones hasta la parte más pequeña, como una sola partícula, contiene la información global.

En el mismo momento en que la información de todo el cosmos puede reconocerse en la partícula más pequeña, la teoría bohmiana asume características holográficas y el universo, entendido como un orden implícito y explícito, puede ser imaginado como un inmenso holograma.

El universo holográfico.

Lo más sorprendente del modelo holográfico fue que de repente dio sentido a una amplia gama de fenómenos incomprensibles, como para ser considerados fuera de los límites de la ciencia. Estos incluyen la telepatía, la precognición, los sentimientos místicos de unidad con el universo e incluso la psicoquinesis, o la capacidad de la mente para mover objetos materiales sin que nadie los toque".

(Michael Talbot, "Todo es uno")

Las intuiciones de Bohm pronto tomaron una dirección precisa, la de un universo imaginado como un gigantesco holograma. Era necesario, sin embargo, tener necesariamente en cuenta el hecho de que el universo no es una realidad estática sino dinámica, una inmensa sucesión de energías vibrantes y materia agitada; de hecho, nada en el universo subatómico es estático, como hemos visto al describir el átomo.

Por lo tanto, Bohm acuñó el nuevo término "holomovimiento". El universo, en la concepción bohmiana, es un inmenso holomovimiento en el que cada parte, incluso la más diminuta, contiene toda la historia y la inteligencia cósmica a medida que se despliegan en el tiempo y el espacio.

Precisamente porque el universo implicado implica en sí mismo todos los universos físicos y su devenir a nuestros sentidos, el holograma resultante ni siquiera conoce el concepto de quietud sino que constituye un eterno movimiento de "implicación" y "explicación".

El orden implicado contiene en sí todo tiempo, pasado, presente y futuro, y todo lugar. El tiempo y el lugar, que en el orden explícito (es decir, en nuestra experiencia y comprensión) se despliegan en realidades separadas, son uno en el orden implicado.

El holomovimiento hace posible que el orden implicado contenga todas las diversidades del orden explicado. En una entrevista, Bohm explica el holomovimiento con estas palabras:

> “El mismo orden implícito se ha detectado en el complejo movimiento de campos electromagnéticos en forma de ondas de luz. Tal movimiento de ondas de luz está presente en todas partes y abarca todo el universo de espacio y tiempo en cada región. Este encerramiento y desdoblamiento se da no sólo en el movimiento del campo electromagnético sino también en otros campos que obedecen a las leyes de la mecánica cuántica que implican propiedades de discontinuidad y no localidad. La totalidad del movimiento de cierre y apertura puede

ir mucho más allá de lo detectado en el curso de nuestras observaciones. Llamamos a esta totalidad "holomovimiento".

En la misma entrevista Bohm dice de nuevo:

> "Propongo algo como esto: imagina un mar de energía infinita llenando el espacio vacío, con olas moviéndose a través de él, juntándose ocasionalmente y produciendo una pulsación intensa. Digamos que un impulso particular se acumula y se expande, creando nuestro universo de espacio-tiempo y materia. Pueden ocurrir más de estos impulsos. Para nosotros, este impulso parece un Big Bang; en un contexto más amplio, es una pequeña ola. Todo surge del despliegue en el holomovimiento, luego se repliega en el orden implícito. Llamo al proceso de plegar "implicar" y al de desplegar "explicar". Lo implicado y lo explicado son una cosa fluida e indivisa..

Bohm completa entonces su visión del universo de una manera exquisitamente mística imaginando, como en una matrioska, larguísimas teorías de realidades implicadas que subyacen a otras, hasta llegar a un "orden superimplicado", es decir una "mente cósmica" que actúa experimentando creativamente ella misma en los órdenes superiores. Todo ser vivo participa conscientemente en el todo al darle un significado al todo. Sin la conciencia de los seres vivos, el universo estaría incompleto. Gracias a la participación de todo ser vivo, la "Mente Cósmica" madura, en el orden explícito, la conciencia y el conocimiento de sí misma.

Karl Pribram

Karl Pribram nació en Viena en 1919 y regresó su vida al cielo en 2015. Fue neurocirujano, profesor de psiquiatría y psicología en varias universidades estadounidenses, incluidas las de Stanford y Georgetown.

Sus estudios más importantes se refieren al cerebro humano y al sistema nervioso: en particular, ayudó a definir la naturaleza del sistema límbico y la relación entre este y la corteza frontal.

Te parecerá extraño que hablemos de ello en este contexto, dedicado en su gran mayoría a físicos o filósofos, pero hay una razón muy concreta. De hecho, Pribram es principalmente conocido por desarrollar, en colaboración con David Bohm, el llamado "modelo holonómico del cerebro", también conocido como el "modelo holográfico de Pribram y Bohm" o el "paradigma holográfico".

Con este modelo, Pribram teorizó que la información, y por lo tanto también los recuerdos almacenados en nuestro cerebro, no están "registrados" en las neuronas, sino que son el resultado de formas de onda (patrones) que interfieren, lo que explica la capacidad del cerebro para almacenar una gran cantidad de información. cantidad de información en un espacio relativamente pequeño.

Pribram creía que los recuerdos se almacenaban en la red de impulsos nerviosos que se entrelazan por todo el cerebro, al igual que los rayos láser que se cruzan en la película que contiene una imagen holográfica y permiten, según el ángulo, revelar enormes cantidades de información.

En sus estudios de neurocirugía, Pribram había llegado, como Bohm, a la conclusión de que el funcionamiento de la memoria era más comprensible si se la consideraba similar a una realidad holográfica. Naturalmente, ambos desarrollaron sus convicciones siguiendo caminos absolutamente distintos. Bohm formuló su teoría a raíz de sus estudios en física cuántica, mientras que Pribram se convenció de una realidad holográfica debido a las múltiples dificultades, a veces insuperables, para explicar algunas cuestiones neurofisiológicas.

Figura 58 - Karl Pribram, independientemente de Bohm, llegó a elaborar el concepto de mente holográfica.

En la década de 1970, Pribram exploraba la hipótesis de una realidad holográfica, partiendo del principio de que nuestro cerebro procesa las señales recibidas por los ojos para representar una realidad mediatizada, similar a un holograma. Sin embargo, no pudo resolver una duda: si era un holograma, ¿era el holograma de qué?

Como su hijo era físico pensó en acudir a él para contrastar algunas ideas, pero enseguida le aconsejó que se pusiera en contacto con David Bohm, que sin duda era la persona más indicada. Pribram así lo hizo y de su encuentro nació una identidad de opiniones, sólida como una roca, sobre la posibilidad de que el universo fuera una realidad holográfica.

En su libro "Universo holográfico: la teoría revolucionaria de la realidad", Michael Talbot describe los frutos del encuentro entre los dos científicos de la siguiente manera:

> “En conjunto, las teorías de Bohm y Pribram brindan una forma nueva y profunda de ver el mundo. Nuestros cerebros construyen matemáticamente la realidad objetiva, interpretando frecuencias que en última instancia son proyecciones de otra dimensión, un orden de existencia más profundo más allá del espacio y el tiempo: el cerebro es un holograma escondido en un universo holográfico.
>
> Pribram argumenta que esta síntesis lo hizo consciente de que el mundo objetivo no existe, o al menos no en el sentido en que estamos acostumbrados a creer. Lo que existe "allá afuera" es un vasto océano de ondas y frecuencias y la realidad solo nos parece concreta porque nuestros cerebros son capaces de transformar esta forma holográfica difusa en los elementos básicos y objetos familiares que conforman nuestro mundo. (...)
>
> Tenemos dos aspectos muy diferentes de la realidad. Podemos vernos a nosotros mismos como cuerpos materiales moviéndose a través del

> espacio, o podemos vernos a nosotros mismos como una imagen borrosa de patrones de interferencia ocultos en todo el holograma cósmico. Bohm cree que este segundo punto de vista puede ser incluso el más correcto, porque pensar en nosotros mismos como un cerebro-mente holográfico que observa un universo holográfico es nuevamente una abstracción, un intento de separar dos cosas que son fundamentalmente insuperables".

¿No existe la realidad?

Combinando el modelo holográfico del cerebro de Pribram con la teoría del holomovimiento de Bohm, se obtiene un resultado sorprendente. Si la realidad, en la concreción que percibimos, es ilusión, y todo lo que existe no es más que una masa de frecuencias y energías vibrantes, ¿qué queda? Si el cerebro no es más que un holograma que decodifica las frecuencias recibidas, transformándolas en percepciones sensoriales, ¿existe realmente la realidad objetiva?

La respuesta debería ser: no, la "realidad objetiva" no existe, certificando así lo que siempre han sostenido las filosofías orientales, según las cuales el mundo es sólo una ilusión.

No solo eso: con esta respuesta también rehabilitamos las teorías, demasiado precipitadamente burladas, de muchos filósofos occidentales, como George Berkeley, según las cuales todos los objetos que creemos que existen no tienen cuerpo, son solo ideas que nuestros sentidos transmiten al cerebro, en el que se configuran y recubren de una falsa impresión de materialidad.

El paradigma holográfico de Pribram y el holomovimiento de Bohm conducen a conclusiones que muchos cuestionan, pero muchos otros creen que es la descripción más precisa de la realidad posible hasta la fecha.

A dónde vamos.

"Tienes que entender la vida en su totalidad, no solo una parte de ella. Por eso hay que leer, por eso hay que mirar al cielo, por eso hay que cantar y bailar, y escribir poesía, y sufrir y comprender, porque todo esto es vida".

(Yiddu Krishnamurti)

Vivimos una era privilegiada en la que una sincronicidad de dimensiones cósmicas nos está guiando hacia metas insospechadas. Una vez que los hayamos alcanzado, sucederá que espíritu y materia, finalmente revestidos de la misma dignidad, podrán involucrar a toda la humanidad en conocimientos y posibilidades que aún hoy parecen incomprensibles e inalcanzables. Esta sincronicidad nos está guiando en la transición entre la era de la materia gris y la del espíritu luminoso.

Un primer paso importante ya se ha dado con la derrota del materialismo, a pesar de que aún hoy existen lugares, entidades y personas que no renuncian a situarlo como supuesto principal de su ejercicio intelectual, probablemente para proteger posiciones de privilegio o interés.

A estas alturas las teorías materialistas están totalmente desactualizadas en los campos científicos más avanzados, al punto que uno se pregunta si esas "máquinas ensambladas al azar" como creíamos que éramos, no poseen en cambio una conciencia capaz de modelar el universo que las contiene.

En este contexto, una pregunta que, hasta el siglo pasado, estaba confinada al nebuloso ámbito de la metafísica, cobra extrema actualidad y comienza a rondar las mentes de los científicos más ilustrados: ¿creamos nuestra realidad?

El estudio del alma pasa a formar parte de la física.

Hasta el siglo pasado, todo discurso sobre la existencia del alma se circunscribía al ámbito teológico o filosófico. Ahora, sorprendentemente, la pregunta se ha convertido en parte de la agenda de la física teórica, firmemente colocada en la parte superior de la lista de temas sin resolver pero dignos de profundizar.

En particular, el físico Henry Pierce Stapp está realizando estudios declamados con cierto énfasis en la web a través de títulos similares a este: "Henry Stapp quiere probar la existencia del alma" (Henry Stapp quiere probar la existencia del alma). En verdad, Stapp no quiere tanto demostrar la existencia del alma, sino que ésta, entendida como la conciencia del ser vivo, no puede ser ignorada y debe convertirse en una variable activa e influyente en las ecuaciones y fórmulas destinadas a describir el funcionamiento del universo.

Stapp nació en 1928 en Cleveland, Ohio, Estados Unidos. Obtuvo su doctorado en física de partículas bajo la supervisión de los premios Nobel Emilio Segrè y Owen Chamberlain en la Universidad de California, Berkeley. Es conocido por sus trabajos en mecánica cuántica, en particular por el desarrollo de la teoría axiomática de la matriz S; ha publicado, entre otros, muchos artículos relacionados con los aspectos no locales de la mecánica cuántica y con el teorema de Bell.

En 1958 fue invitado por Wolfgang Pauli a la ETH Zurich para trabajar con él personalmente en problemas básicos de mecánica cuántica. Desde 1969 es colaborador directo de Werner Heisenberg en el Instituto Max Planck de Munich, y desde 1976 trabaja con John Wheeler. Es una carrera académica siempre realizada al más alto nivel..

Henry Stap. Teoría cuántica y libre albedrío.

En 2017, Stapp publicó el libro "Teoría cuántica y libre albedrío. Cómo las intenciones mentales se traducen en acciones corporales".

Este libro explica, en términos simples pero precisos, cómo funciona la mecánica cuántica ortodoxa y muestra cómo esta teoría, interpretada de manera realista, asigna un papel importante a nuestras elecciones conscientes y libres. Stapp parte del principio de que la biología y la neurociencia tradicionales todavía sostienen preceptos clásicos esencialmente fallidos, según los cuales las intenciones mentales no afectan el comportamiento de la materia. Muestra cómo la mecánica cuántica proporciona una base racional para una mejor comprensión de las conexiones entre la conciencia y el comportamiento, permitiendo además una explicación de ciertos fenómenos actualmente considerados "paranormales". Estas ideas tienen implicaciones importantes para comprendernos a nosotros mismos y nuestros procesos mentales y, por lo tanto, también para el significado de nuestras vidas.

En el libro, Stapp aborda uno de los temas más espinosos de la historia, el del libre albedrío. Es un concepto que la "Enciclopedia Treccani" define de la siguiente manera:

> Libre albedrío. Expresión utilizada para indicar la libertad del hombre, cuyos actos no están determinados por fuerzas superiores (sobrenaturales o naturales), sino que derivan de sus elecciones autónomas.
>
> La expresión nació en el terreno de las discusiones teológicas cristianas, en relación a la reconciliación entre la omnipotencia y la omnisciencia divina y la libertad humana. Para sostener la tesis del libre albedrío con particular calidez estuvieron sobre todo los protagonistas del Humanismo y el Renacimiento.

Desde un punto de vista religioso es muy difícil conciliar el libre albedrío con la idea de un Dios omnisciente: si Dios ya conoce el futuro y por lo tanto sabe cómo actuará el hombre, ¿puede el hombre considerarse libre para elegir?

Dejemos la religión a un lado por un momento, ya que es un concepto personal y no objetivo y que incluso los creyentes de diferentes religiones suelen estar en desacuerdo al respecto.

La ciencia, como sabemos, procede con sus métodos que podemos definir objetivos: realiza experimentos, de los que saca conclusiones concretas. Si los resultados experimentales confirman de manera concluyente la hipótesis, esta se convierte en una ley física, de lo contrario el juicio puede ser negado o suspendido.

En el caso del libre albedrío, nadie ha podido nunca pretender que sea una ley válida. De hecho, nunca se ha podido demostrar que, examinando varias veces una determinada situación, siempre se obtiene el mismo resultado.

Partiendo de esta base científica podemos formular un razonamiento más amplio, ligado a la certeza de que el hombre está hecho de átomos y partículas.

Sabemos que los átomos están en constante agitación y sabemos que, como parte de este movimiento, tienden a agregarse con otros átomos. Pero una cosa que no sabemos: ¿por qué los átomos se atraen y se agregan? ¿Según qué empuje tres átomos (dos de hidrógeno y uno de oxígeno) se unen para formar una molécula de agua? ¿Existe una "conciencia" que les lleve a realizar esta forma de agregación sumamente útil, en lugar de las muchas otras posibles?

De hecho, el átomo no debería tener conciencia, por lo que no debería poder decidir "conscientemente" qué tipo de agregación hacer. Además, ni siquiera la molécula de agua puede definirse como consciente. Pero los átomos también pueden agregarse de manera más compleja, por ejemplo para formar un ser biológicamente "vivo", es decir, seguramente dotado de conciencia, o al menos de instinto. Milagrosamente, de la agregación de billones de átomos sin conciencia, nacen seres dotados de conciencia.

¿Porque? Es un verdadero rompecabezas. Cual puede ser la solución? O los átomos, contrariamente a las apariencias, poseen una conciencia, o son guiados por una conciencia externa a ellos: en todo caso, en el proceso de agregación debe existir una "conciencia piloto".

Desde un punto de vista religioso se podría decir que todo está predeterminado por Dios; la conciencia de la que proceden todas las conciencias y todos los comportamientos conscientes es la de Dios.

Sin embargo, la ciencia no se rinde a estos razonamientos metafísicos y continúa su labor para descubrir cuáles son los mecanismos que rigen el funcionamiento agregativo de la materia.

Comprender cómo y por qué se agregan los átomos significaría descubrir cómo se crean las conciencias de los seres vivos, en primer lugar la del hombre, y se concluiría que la formación de la conciencia se realiza sobre la base de un proceso claramente definible, si es posible transferible en una fórmula. De ser así, la formación de la conciencia sería parte de un proceso predecible y replicable. Esto establecería la existencia de conciencias "estándar" y quedaría claro de una vez por todas que el libre albedrío no existe.

La física cuántica desarrolla una visión totalmente diferente, que Stapp investiga en su libro. No podemos observar una partícula estableciendo su posición y velocidad, o mejor dicho, solo podemos hacerlo de forma probabilística. Al repetir la medición varias veces con los mismos datos, encontramos la partícula en varios lugares diferentes. No solo eso: al observar la partícula, colapsamos la función de onda que la contiene, por lo que decidimos dónde debe encontrarse.

De hecho, la partícula está suspendida en estado nebuloso hasta que, simplemente observándola, es decir, mirándola, decidimos nosotros mismos dónde colocarla.

Esto tiene consecuencias éticas y filosóficas inconmensurables. Si decidimos, al observarlas, dónde colocar las partículas, es decir, si nos corresponde a nosotros elegir las características de la materia, entonces significa que existe el libre albedrío. Ya no somos máquinas dominadas por la materia, sino seres capaces de dominar la materia con nuestra voluntad.

En una de sus muchas entrevistas, Henry Stapp se expresa de la siguiente manera sobre su teoría cuántica de la conciencia:

> Es importante para nosotros, como individuos y colectivamente, corregir la noción actualmente extendida de que la ciencia demuestra que somos autómatas mecánicos. Esta idea se basa en la mecánica clásica, ahora invalidada empíricamente. Su sucesora, la mecánica cuántica, nos representa como seres psicofísicos cuyas intenciones conscientes no están determinadas por los aspectos físicos de la Naturaleza, pero que sin embargo influencian causalmente (son la causa, ed.) el curso de los eventos físicos.
>
> La pregunta que surge de inmediato es esta: "¿Cuál es la conexión entre nuestras experiencias conscientes y el mundo descrito físicamente?".

Las teorías físicas clásicas que prevalecieron en la ciencia durante los siglos XVIII y XIX establecieron que cualquier propiedad física está predeterminada solo por propiedades físicas previas, sin "entrada" adicional de la conciencia. Esta afirmación, de ser cierta, implicaría que nuestras vidas no tienen sentido; nos reduciría a cada uno de nosotros a un autómata mecánico sustancialmente sin mente, incapaz de influir en el curso de los eventos físicos futuros, ya sea para nuestro propio beneficio o para el beneficio de cualquier otra persona.

Hoy se sabe que las técnicas físicas clásicas son fundamentalmente falsas. Han sido reemplazadas por la mecánica cuántica. En esta teoría, nuestras "elecciones libres" conscientes juegan un papel dinámico esencial en la determinación del futuro. Estas elecciones se denominan "libres" porque no están sujetas a ninguna otra característica de la teoría, estadística o de otro tipo".

La energía del Espíritu.

Nuestra capacidad de observar partículas elementales determina la realidad de lo que observamos y, por lo tanto, da testimonio de nuestro libre albedrío. Pero entonces, podemos preguntarnos: ¿quién es el que observa nuestras partículas para determinar que deben formar exactamente nuestro cuerpo, y por ende nuestra conciencia? Nosotros, ¿por quién somos observados?

¿Hay un observador que nos determina? O: ¿existe un juego en el que somos observadores y observados, criaturas y creadores? ¿Quién está conduciendo este juego? ¿O tal vez el juego proviene de una "apertura" que ve a los jugadores y árbitros desde el principio?

¿Quizás la realidad es un gigantesco Ouroboros, el dragón mítico que se muerde la cola, formando un círculo sin principio ni fin?

Aparentemente inmóvil, pero en eterno movimiento, el uróboros representa el poder que se devora y se regenera a sí mismo, la energía universal que se consume y renueva constantemente. Por lo tanto, simboliza la unidad y la totalidad del todo, el infinito, la eternidad, el tiempo cíclico, el eterno retorno, la inmortalidad y la perfección.

Es curioso notar cómo este símbolo está presente en una sorprendente multiplicidad de tradiciones místicas y filosóficas de todo tiempo y lugar.

El hecho de que toda materia tome forma a partir de la observación encierra una necesidad imperativa: necesitamos ser observados.

El lema de George Berkeley vuelve a ser esclarecedor: "Esse est percipi" (Ser significa ser percibido).

Desde esta perspectiva, se hacen comprensibles también las palabras del salmista, que se dirige a Dios agradeciéndole el ser mirado, más aún, el no poder sustraerse a su mirada. No sólo eso: reconociendo que Dios lo había mirado desde que fue formado en el vientre de su madre, admite que esa mirada lo hizo perfecto "como un prodigio".

Probablemente, David Bohm de niño, como hijo del asistente de un rabino, habría orado muchas veces con las palabras del Salmo 138, especialmente porque el autor, el Rey David, llevaba su nombre:

"Señor, tú me escrutas y me conoces,
sabes cuando me siento y cuando me levanto.
Penetrar mis pensamientos desde lejos,
me escrutas cuando camino y cuando descanso.
Donde ir lejos de tu espíritu,
¿Dónde escapar de tu presencia?
Todavía sin forma, tus ojos me vieron".

En los últimos años de su vida, Bohm quedó fascinado por las teorías del filósofo Jiddu Krishnamurti, nacido en India en 1895. Estableció con él una sociedad cultural y espiritual, tanto que escribieron juntos el libro "Donde termina el tiempo".

En el transcurso de esta amistad, Bohm se acercó mucho a la mística oriental y transformó su deseo juvenil de construir una sociedad más justa (que había sido viciado por el materialismo soviético) en una aspiración tendiente al mismo objetivo pero por el camino del crecimiento espiritual.

Probablemente en el contexto de esta sociedad cultural y espiritual elaboró el pensamiento expresado en esta cita tomada del libro "Bohm. La física del infinito" de Massimo Teodorani:

> "El campo de lo finito es todo lo que podemos ver, oír, tocar, recordar y describir. Este campo es básicamente lo que es manifiesto o tangible. La cualidad esencial del infinito, del contraste, es su elusividad, su intangibilidad. Esta cualidad se transmite en la palabra Espíritu, cuyo significado original es "viento, soplo".
>
> Esto sugiere la existencia de una energía invisible pero omnipresente, a la que responde el mundo manifiesto de lo finito. Esta energía, o Espíritu, impregna a todos los seres vivos, y sin ella todo organismo se descompondría en sus elementos constituyentes. Lo que está realmente vivo en el ser vivo es esta energía del Espíritu, y nunca nació y nunca morirá".

Bohm se refería al espíritu entendido como el Alma del mundo, un orden superimplicado subyacente y vivificador de toda implicación y explicación posterior, situado en el plano de la libertad suprema y, como tal, libre de cualquier connotación filosófica o dogmática.

Influenciado, pero no condicionado por la impronta bíblica que recibió en su juventud, Bohm habría imaginado el espíritu como símbolo de una gran libertad, como se describe en el Génesis: "La tierra estaba informe y desierta y las tinieblas cubrían el abismo y el espíritu de Dios flotaba sobre las aguas".

Como demostró en su vida, Bohm consideraba la libertad un gran bien y aspiraba a conquistarla en su absolutismo para poder compartirla. Murió de un infarto el 27 de octubre de 1992 en Londres, dejando un gran vacío en la comunidad científica y un enorme legado de ideas esperando ser desarrolladas tanto científica como filosóficamente.

Bibliografia

Amir Dan Aczel, Entanglement. Il più grande mistero della fisica. Raffaello Cortina Editore.
Barbour Julian, La fine del tempo. Einaudi.
Barrow John David, Da zero a infinito. La grande storia del nulla. Oscar Mondadori.
Barrow John David, I numeri dell'universo, Oscar Mondadori
Barrow John David, Perché il mondo è matematico? Laterza
Barrow John David, Tipler Frank, Il principio antropico. Adelphi.
Beitman Bernard, I messaggi delle coincidenze. Sperling & Kupfer.
Cambray Joseph, Sincronicità. Natura e psiche in un universo interconnesso. Edizioni Fattore Umano
Cantalupi Tiziano, Santarcangelo Donato, Psiche e realtà. Tecniche Nuove.
Capra Fritjof, Il Tao della fisica. Adelphi.
Cederquist John, Le coincidenze non esistono. Rizzoli.
Cesati Cassin Marco, Non siamo qui per caso. Il potere delle coincidenze. Sperling & Kupfer.
Chandrasekhar Subrahmanyan, Verità e bellezza. Le ragioni dell'estetica nella scienza. Garzanti
Chinnici Giorgio, Guarda caso. I meccanismi segreti del mondo quantistico, Hoepli
Chopra Deepak, Le coincidenze. Sperling & Kupfer.

Ford Kenneth, Il mondo dei quanti. La fisica quantistica per tutti. Bollati Boringhieri.
Gamow George, Le avventure di mr. Tompkins. Edizioni Dedalo
Gamow George, Nuovo Mondo di mr. Tompkins. Zanichelli
Goswami Arneb, Guida quantica all'illuminazione. Edizioni Mediterranee
Greene Brian, La trama del cosmo. Spazio, tempo, realtà. Einaudi.
Greene Brian, La realtà nascosta – universi paralleli e leggi profonde del cosmo. Einaudi
Greene Brian, L' universo elegante. Superstringhe, dimensioni nascoste e la ricerca della teoria ultima. Einaudi.
Hawking Stephen, L'universo in un guscio di noce. Oscar Saggi Mondadori.
Hawking Stephen, La teoria del tutto. Origine e destino dell'universo. Mondadori. +
Hawking Stephen, La grande storia del tempo. Mondadori
Hawking Stephen, Dal Big Bang ai buchi neri. Breve storia dell'universo. Mondadori
Hawking Stephen, Mlodinov Leonard, Il grande disegno. Mondadori.
Heckler, Richard, Coincidenze. Lyra Libri.
Hopke Robert, Nulla succede per caso. Oscar Mondadori
Joseph Frank, Il potere delle coincidenze. Il punto d'incontro.
Jung Carl, L'analisi dei sogni. Gli archetipi dell'inconscio. La sincronicità. Bollati Boringhieri.
Jung Carl, Ricordi, sogni, riflessioni. Rizzoli

Kane Gordon, Il giardino delle particelle elementari. Longanesi
Kumar Manjit, Quantum. Da Einstein a Bohr, la teoria dei quanti, una nuova idea della realtà. Mondadori.
Kung Hans, Cristianesimo e religiosità cinese. Arnoldo Mondadori editore.
Lederman Leon, Hill Christopher, Fisica quantistica per poeti, Bollati Boringhieri.
Licata Ignazio, Osservando la Sfinge. Di Renzo Editore.
Motterlini Matteo, Trappole mentali. Rizzoli
Peat David, Sincronicità. Un connubio tra materia e psiche. Edizioni Magi
Popper Karl, L'Io e il suo cervello. Armando Editore.
Radin Dean, Menti interconnesse. I fenomeni psichici spiegati dalla fisica quantistica. Edizioni Mediterranee.
Rhine Louisa, Psicocinesi. La mente domina la materia. Golem Libri.
Schumacher Ernst, Una guida per i perplessi, Edizioni Piano B.
Sheldrake Rupert, Le illusioni della scienza. Urra.
Sheldrake Rupert, La mente estesa. Urra.
Smith Michael, Jung e lo sciamanesimo. Edizioni Amrita
Sparzani e Panepucci. (curatori)**,** Jung e Pauli. Il carteggio originale: l'incontro tra Psiche e Materia. Moretti & Vitali.
Stapp Henry, Quantum Theory and Free Will. Springer International Publishing.
Tagliagambe Silvano e Malinconico Angelo, Pauli e Jung. Un confronto su materia e psiche. Raffaello Cortina Editore.
Tagliagambe Silvano e Malinconico Angelo, Jung e il libro rosso: il Sé e il sacrificio dell'Io. Moretti & Vitali.

Talbot Michael, Tutto è uno. Feltrinelli
Teodorani Massimo, Bohm. La fisica dell'infinito. Macro Edizioni
Teodorani Massimo, La mente creatrice. Dall'universo fisico alla vita intelligente. Macro Edizioni.
Teodorani Massimo, Entanglement. L'intreccio nel mondo quantistico: dalle particelle alla coscienza. Macro Edizioni.
Teodorani Massimo, Sincronicità. Il legame tra fisica e psiche. Da Pauli a Jung a Chopra. Macro Edizioni.
Teodorani Massimo, L'atomo e le particelle elementari. Macro Edizioni
Tipler Frank, The physics of immortality. Doubleday.
White John, L'incontro tra scienza e spirito. Pratiche Editrice.
Widmann Claudio, Sincronicità e coincidenze significative. Edizioni Magi.
Widmann Claudio, Introduzione alla sincronicità. Edizioni Magi.

Bruno Del Medico, bloguero, escritor, editor, especializado en la difusión de temas relacionados con la actualidad social y las nuevas fronteras de la ciencia. Es autor de numerosos textos relacionados con la reciente pandemia y de una serie especializada en física cuántica y metafísica

www.ingramcontent.com/pod-product-compliance
Lightning Source LLC
LaVergne TN
LVHW090229051026
849517LV00001B/239
9798201756673